泵房及引水设备

蓄水方塘及泵房

泵 房

上山管线

天池铁罐连接

给水栓下体连接

蓄水方塘

蓄水方塘施工图

果园管道输水灌溉
工程实用手册

主　编

宋福君

副　主　编

马贵友　李　强　陈延生　黄广玲

编　著　者

宋福君　马贵友　李　强　陈延生

黄广玲　张艳丽　汪小力　王秀秀

李爱萍　孙浩夫　李　昊　宋　岩

黄士军　胡　冰　郑学文　王英伟

金盾出版社

内 容 摘 要

本书内容包括概述、灌溉制度及工作制度、水源、水泵与水泵房、水力计算、管材及其连接件、管道附属设施、输、配电工程、水土保持、管道工程施工技术、运行管理、经济效益分析 12 章。内容全面,技术先进,贯彻国家标准,实用性强。适合县级和乡镇级节水灌溉技术工作者在规划、设计、实施节水灌溉工程时使用,也可供有关大中专院校师生及其他工程技术人员在生产、教学、科研工作中参考使用。

图书在版编目(CIP)数据

果园管道输水灌溉工程实用手册/宋福君主编 . -- 北京 :金盾出版社,2013.1
ISBN 978-7-5082-7678-6

Ⅰ.①果… Ⅱ.①宋… Ⅲ.①果树园艺—节水栽培—手册 Ⅳ.①S66-62

中国版本图书馆 CIP 数据核字(2012)第 113572 号

金盾出版社出版、总发行
北京太平路 5 号(地铁万寿路站往南)
邮政编码:100036 电话:68214039 83219215
传真:68276683 网址:www.jdcbs.cn
封面印刷:北京印刷一厂
彩页正文印刷:北京金盾印刷厂
装订:永胜装订厂
各地新华书店经销
开本:850×1168 1/32 印张:9.125 彩页:4 字数:218 千字
2013 年 7 月第 1 版第 2 次印刷
印数:5 001~8 000 册 定价:20.00 元

序

　　我国水资源总量占世界水资源总量的 7%，居世界第 6 位。但人均占有量仅有 2 400m³，为世界人均水量的 25%，居世界第 119 位，是全球 13 个贫水国之一。我国水资源的时空分布与人口、耕地分布状况不协调。时间上，全年降水的 70%～90% 集中在 6～9 月份，冬季很少，年际间变化也很大。空间上，水资源分布是东南多西北少。长江流域及其以南地区耕地仅占全国耕地的 38%，水资源却占全国的 80% 以上；而占全国耕地 62% 的淮河流域及其以北地区，水资源量不足全国的 20%。时空分布不均匀和年际变化大，造成水旱灾害加重。地区分布不均，水土资源不相匹配。长江流域及其以南地区国土面积只占全国的 36.5%，其水资源量占全国的 81%；淮河流域及其以北地区的国土面积占全国的 63.5%，其水资源量仅占全国水资源总量的 19%。年内年际分配不匀，旱涝灾害频繁。大部分地区年内连续四个月降水量占全年的 70% 以上，连续丰水或连续枯水年较为常见。

　　我国的大部分果树是在干旱和半干旱地区栽培，为了实现果树丰产、优质、高效栽培目标，一方面要进行灌溉，另一方面则要注意节水。果树节水栽培主要从两个方面考虑：一方面应减少有限水资源的损失和浪费；另一方面要提高水分利用效率。而采用适当的灌溉技术和合理的灌溉方法，可显著提高水分的利用效率。不同的灌溉技术，其节水的效果有很大的差异。

　　党中央、国务院高度重视节水灌溉工作。先后提出"大力普及节水灌溉技术"、"把推广节水灌溉作为一项革命性措施来抓"等一系列重大战略决策，有力地推动了我国节水灌溉事业的发展。全国已对 250 多个大型灌区和 120 个中型灌区进行了以节水为中心的续建配套和技术改造,建设了 300 个节水增产重点县和 900 多个节水增效示范项目。经过多年的努力,我国节水灌溉面积已发展到 0.2 亿多 hm^2。不但提高了农业综合生产能力,增加了农民收入,缓解了水资源供需矛盾,而且改善了生态环境,促进了我国农业生产和经营方式的现代化。实践证明,大力发展节水灌溉,建设节水型社会是实现水资源可持续利用、农业可持续发展的唯一有效途径。普及节水灌溉,建设节水型农业,涉及人们的用水观念、习惯的转变,对人口、资源与环境关系的重新认识,用水格局与农业结构的调整,灌溉方法和灌水技术、管理方式等的转变等。因此,普及节水灌溉一方面要在全国范围内大力宣传节水灌溉的必要性和重要性,另一方面要努力提高水利工程技术人员的水平,组成一支高素质的节水灌溉工程设计、施工和管理队伍,以促进节水灌溉事业的快速发展。

近 10 多年来,水利工作者在果园管道输水灌溉的科学研究和生产实践中,研究开发了大量的新产品,积累了丰富的经验,初步形成了符合国情的果园管道输水灌溉技术体系。为进一步提高水利工作者节水灌溉工程规划设计水平以及建设和管理的质量,促进果树节水灌溉事业的健康发展,我单位编写了这部比较系统的涵盖果园管道输水灌溉工程规划、设计、施工、管理、经济与环境评价、项目管理以及建后管护的工具书——《果园管道输水灌溉工程实用手册》。我相信,本书的出版一定会给广大从事农业及果树节水灌溉工作的同行们以帮助,会有力地促进我国节水灌溉技术水平的提高和节水灌溉事业的发展。

前　　言

　　新中国成立 60 年来,我国农田灌溉事业蓬勃发展,农田有效灌溉面积从 0.16 亿 hm² 扩大到 0.57 亿 hm²,占世界总数的 1/5,居世界首位。20 世纪 70 年代,随着工农业用水、城乡用水矛盾日益突出,节水灌溉事业逐渐发展起来,喷、微灌技术被列入国家重点研究与推广项目,开展了泵站与机井节能节水技术改造。80 年代,低压管道输水灌溉在北方井灌区迅速发展。90 年代,农业干旱缺水矛盾愈来愈严重,人们对节水的重要意义认识逐步深化,节水灌溉工作被提到了更重要的位置。节水灌溉技术研究与示范等一批科技项目被列入国家和地方攻关项目,从节水灌溉技术、节水机制、节水灌溉制度、水资源合理利用、节水灌溉设备、配套农艺措施与管理措施等方面,全方位地进行了深入研究,取得了一批先进的技术成果,节水灌溉材料设备产业也迅速发展起来,初步形成了符合国情的节水灌溉技术体系。节水灌溉工程像雨后春笋般兴起,遍布全国各地。

　　60 多年来,我国在节水灌溉科学研究和普及推广中,积累了大量的成果和经验。特别是近 10 年来,一批先进的节水灌溉工程的建设及相关的技术标准相继颁布实施,为规范节水灌溉工程的规划、设计、施工和管理奠定了坚实的基础,为促进我国节水灌溉事业的发展,提高技术人员的水平,应广大从事节水灌溉工程设计与管理人员的要求,我单位成立了《果园管道输水灌溉工程实用手册》编写组,并进行了具体编写任务的分工。经编写人员的共同努力,2010 年 4 月形成了本手册初稿;后经辽宁省多位水利专家的修改完善,2012 年 2 月定稿。

本书共分为12章,编者具体分工为:第一章由宋福君编写;第二章由宋福君、张艳丽、郑学文编写;第三章由陈延生、王秀秀、李昊编写;第四章由李强、李爱萍、孙浩夫编写;第五章由黄广玲、宋福君、宋岩编写;第六章由张艳丽、汪小力、郑学文编写;第七章由宋福君、李强、李昊编写;第八章由黄士军、黄广玲、宋岩编写;第九章由汪小力、孙浩夫、胡冰编写;第十章由马贵友、胡冰、李爱萍编写;第十一章由马贵友、宋福君、王英伟编写;第十二章由马贵友、宋福君、陈延生编写。

《果园管道输水灌溉工程实用手册》主要供乡镇级和县级从事节水灌溉技术工作,具有大中专以上文化程度的人员,在规划设计节水灌溉工程时使用,也可供有关中专院校师生以及其他工程技术人员在生产、教学、科研工作中参考。它具有如下特点:

第一,内容全面。涵盖了我国大部分地区采用最广泛的管道输水、节水灌溉技术,包括工程技术以及管理技术,并编入了环境评价和项目管理以及建后管护等内容。

第二,技术先进。全面总结和反映了我国节水灌溉技术的成熟经验和最新成果,对于国外的先进技术,凡可应用或有较大参考价值的,也做了介绍。

第三,贯彻国家标准。与有关节水灌溉工程技术的国家或行业标准一致,使用本手册有利于正确执行国家有关标准的相关规定。

第四,实用性强。在内容上着重介绍概念、方法、公式、数据、图表,表达方式上力求深入浅出、简明扼要和方便查阅,特别是为准确应用本手册,在每章甚至有些节都给出了算例,方便使用者比照和参考。

此外,在编写过程中,承蒙许多同志审阅和提供资料,为本手册的统稿做了大量的工作,谨在此一并表示衷心的感谢,本手册还参考和引用了许多国外文献,在此对这些文献的作者表示衷心感谢!限于编者水平,对本手册存在的疏漏和错误,恳请读者批评指正。

编者著

目　　录

第一章 概 论

我国有着长久的果树种植历史,但一直是靠天吃饭,果树得不到有效灌溉,造成产量低,水果品质差,影响果农收入。为使广大水利工作者及果农了解、掌握果树灌溉技术,结合我国多年建设果园灌溉工程经验,特编写此书。

第一节 管道输水灌溉工程的组成

管道输水灌溉工程由水源、输水系统、调节构筑物、配水系统、田间灌水系统5个部分组成。

一、水 源

管道输水灌溉工程的水源有井、塘坝、河湖、水库等。水质应符合农田灌溉用水标准,且不含有大量杂草、泥沙等杂物。

水源取水部分除选择适宜机泵外,还应安装压力表及水表,并建有管理房。

二、输水系统

输水系统是指管道输水灌溉工程中的上山管道、分水设施、保护装置和其他附属设施。

三、调节构筑物

管道输水灌溉工程在控制高程点一般设有调节构筑物,即天池。在20世纪90年代,我国一般采用浆砌石或钢筋混凝土构造,它的优点和缺点都很突出。优点是调节容量大,对水源适应性强;

缺点是工程造价高,受气候影响大,易发生冻胀破坏,降低工程寿命。为解决这一问题,1999 年,在辽宁省海城市甘泉镇玉白庄村首次采用无压铁罐方案,利用旧油罐取代蓄水天池,取得了很好的效果,至今已推广 0.2 万 hm²,在工程投资和工程效益之间取得了平衡。

四、配水系统

配水系统即下山管道及分水系统,它是管道灌溉工程的重点,它的布置是否合理、管材管径选择是否经济、调压构筑物是否安全,都关系到工程的成败,应予以相应重视。

五、田间灌水系统

田间灌水系统是指给水栓出水口地面以上的田间部分,是灌溉的重要组成部分,田间灌水解决不好,灌水浪费现象将依然存在,单位水的产量、效益将下降,工程达不到预期效益。

根据辽宁省海城地区的实践经验,给水栓接移动软管配合果树梯田或果树盘灌溉是一种经济可行的方案。

第二节　系统规划

一、规划的原则与内容

(一)规划的基本原则

1. 统筹安排,全面规划　管道灌溉工程系统规划属农田基本建设规划范畴,因此,必须与当地农业区划、农业发展计划、水利规划及农田基本建设规划相适应。在原有农业区划和水利规划的基础上,综合考虑与规划区内沟、渠、路、林、电、水源等布置的关系,统筹安排、全面规划,充分发挥已有水利工程的作用。

2.**近期需要与远景发展规划相结合** 根据当前的经济状况和今后农业现代化发展的需要,特别是节水灌溉技术的发展要求。

3.**系统运行可靠** 灌溉系统能否长期发挥效益,关键在于能否保证系统运行的可靠性。因此,从规划一开始就要对水源、管网布置、管材、管件和施工组织等进行反复比较,不可匆匆施工,不能采用劣质产品。做到对每一个环节严格把关,确保灌溉系统的质量。

4.**运行管理方便** 灌溉系统规划时,应充分考虑工程投入运行后科学的运行管理。

5.**综合考虑系统各部分之间的关系,取得最优规划方案** 灌溉系统规划方案要进行反复比较和技术论证,综合考虑引水水源与管网线路、调蓄建筑物及分水设施之间的关系,力求取得最优规划方案,最终达到节省工程量、减少投资和最大限度地发挥灌溉系统效益的目的。

(二)规划内容

①确定适宜的引水水源和取水工程的位置、规模及形式。

②论证管网类型、研究管网中管道线路的走向与布置方案。确定线路中各控制阀门、保护装置、给水栓及附属建筑物的位置。

③确定田间灌溉工程标准及给水栓连接软管的长度。

④拟定可供选择的管材、管件、给水栓、保护装置、控制阀门等设施的系列范围。

(三)规划的主要技术参数

①灌溉设计保证率。根据当地自然条件和经济条件确定,但应不低于 75%。

②管道灌溉系统水利用系数。应不低于 0.95。

③田间水利用系数。应不低于 0.85。

④灌溉水利用系数。应不低于 0.80。

⑤规划区灌水定额。根据当地试验资料确定,应充分利用有

效降雨。

(四)规划步骤

①调查收集规划前所需要的基本资料、当地农业区划、农业发展计划、水利规划和农田基本建设规划等基本情况,并应进行核实和分析。

②进行水量平衡分析,确定灌溉区规模。

③实地勘测并绘制规划区平面图,在图中标明沟、路、林及水源的位置及高程。

④确定取水工程位置、范围和形式。

⑤进行田间工程布置,确定管网形式。

⑥根据管网类型、给水栓位置,选择管网线路,确定保护设施及其他附属建筑物位置。

⑦汇总管网各级管道长度、给水装置、保护设施、连接管件及其他附属建筑物的数量。

⑧选择适宜的管材、给水分水装置及保护设施。

(五)规划成果

规划阶段的成果是包括以下内容的工程规划报告:序言、基本情况与参数、主要技术参数、水量供需平衡分析、规划方案比较、田间工程布置、水源装置、投资估算、经济效益分析、工程附图(包括1∶5 000至1∶10 000水利设施现状图、1∶5 000至1∶10 000灌溉工程规划图和1∶1 000至1∶2 000典型管道系统布置图)。

二、基本资料的收集

灌溉工程规划设计之前,必须收集以下基本资料,经过对资料进行分析后,便可作为系统规划设计的依据。

(一)近期和中长期发展规划

近期和中长期发展规划包括农田基本建设规划、农业发展规划、设立区划和水利中长期发展供求规划等,以及规划区今后人口增长、工业与农业发展目标、耕地面积和灌溉面积变化趋势及可过水资源量与需水量。

(二)地形资料

收集项目区反映灌区地形、地貌、地面坡度的地形图及相应的高程资料等。

(三)水文地质及土壤

收集项目区的土壤特性,包括土壤质地、容重、土壤水分常数和土壤温度等。土壤含水量大,砂性大,则需水量大(棵间蒸发大)。

(四)作物资料

包括作物的种类、品种,种植面积,分布位置,生育期,各生育阶段及天数,需水量,主要根系活动层深度,以及当地灌溉试验资料。这些资料是确定灌溉制度和灌溉用水量,从而确定水源工程及正规灌溉工程规模的主要依据。

(五)水文与气象

1. **水 资 源**　收集项目区的水资源情况,包括河流、水系、流量、水位等。

2. **气 象**　包括收集气温、雨量、湿度、风向风速、日照、蒸发等气候资料,作为计算作物需水量和制定灌溉制度的依据。气温高、日照时间长、空气湿度低、风速大、气压低等使需水量增加。

第二章　灌溉制度与工作制度

灌溉系统设计时,应首先根据作物和使用者要求选择灌水器,再进行系统布置。本章所涉及的内容是在滴灌和微喷灌布置的基础上进行系统设计。

微灌系统设计的工作内容可分为:资料收集、水源分析、设计参数的选择、灌水器的选择、灌水器的布置、灌水小区设计、轮灌组划分与最不利轮灌组的选择、确定支毛管管径、确定干管直径、首部枢纽设计、确定系统工作压力、水泵选型、系统校核与压力均衡、绘制系统布置图、结构及安装图、材料单和预算、施工注意事项、运行管理注意事项。

第一节　作物需水量计算

一、作物需水量计算

作物需水量是指作物正常生长发育,在土壤肥力和水分适宜的条件下,获得较高产量的植物棵间蒸发、蒸腾以及构成作物体的水量之和。与棵间蒸发相比,构成作物体的水量很小,一般占作物总需水量的1%左右,而这一微小部分可忽略不计,即在实际计算中认为作物需水量等于高水平条件下的蒸腾量与棵间蒸发量之和。作物需水量计量单位一般以某时期或全生育期所消耗水深(mm)计。估算作物需水量的方法很多,下面仅介绍设计中常用的4种估算方法。

(一)根据自由水面蒸发量估算作物需水量

微灌设计中经常使用蒸发皿的观测资料来估算作物需水量,

此法简单实用,资料来源简单,可向当地气象部门查询。

$$ET_c = K_c K_p E_p \qquad (2-1)$$

式中：　ET_c 为作物需水量(mm/d),可按月、旬计算,也可根据生育生育阶段计算;

K_c 为作物系数,K_c 反映了作物特性对作物需水量的影响,因此影响 K_c 值大小的因素有作物种类,生长发育阶段,气候条件等,见表 2-1 至表 2-4;

K_p 为蒸发皿蒸发量与自由水面蒸发量之比,又称"皿系数",可根据当地水文和气象站资料分析确定;

E_p 为计算时段内 E 601 型或口径为 80cm 蒸发皿的蒸发量(mm/d)。

表 2-1　大田作物和蔬菜的 $K_c^{'}$ 值

作物种类 气候条件	谷类高粱	玉 米	小 麦	土 豆	各种蔬菜	番 茄
适宜气候	1.0	1.0	1.0	1.0	1.0	0
干燥气候	1.2	1.2	1.1	1.15	1.15	1.2

表 2-2　葡萄的 K_c 值

月　份 气候条件	1	2	3	4	5	6	7	8	9	10	11	12
有严重霜冻地区的成年葡萄园,5月初开始生长,9月中旬收摘, 生长中期地面覆盖 40%～50%												
湿润、 风力轻微至中等					0.5	0.65	0.75	0.8	0.75	0.65		
湿润、大风					0.5	0.7	0.8	0.85	0.8	0.7		

续表 2-2

月份 气候条件	1	2	3	4	5	6	7	8	9	10	11	12

有严重霜冻地区的成年葡萄园,5月初开始生长,9月中旬收摘,
生长中期地面覆盖40%～50%

气候条件	1	2	3	4	5	6	7	8	9	10	11	12
干燥、 风力轻微至中等					0.45	0.70	0.85	0.90	0.85	0.70		
干燥、大风					0.50	0.75	0.90	0.95	0.90	0.75		

有轻微霜冻地区的成年葡萄园,4月初开始生长,8月底9月初开始收摘,
生长中期地面覆盖率30%～50%

气候条件	1	2	3	4	5	6	7	8	9	10	11	12
湿润、 风力轻微至中等				0.50	0.55	0.60	0.60	0.60	0.60	0.50	0.40	
湿润、大风				0.50	0.55	0.65	0.65	0.65	0.65	0.55	0.40	
干燥、 风力轻微至中等				0.45	0.60	0.70	0.70	0.70	0.70	0.65	0.35	
干燥、大风				0.45	0.65	0.75	0.75	0.75	0.75	0.65	0.35	

干热地区的成年葡萄园,2月末或3月初开始生长,7月后半月收获,
生长中期地面覆盖率30%～35%

气候条件	1	2	3	4	5	6	7	8	9	10	11	12
干燥、 风力轻微至中等			0.24	0.45	0.60	0.70	0.70	0.65	0.55	0.45	0.35	
干燥、大风			0.25	0.45	0.65	0.75	0.75	0.70	0.55	0.45	0.35	

注:本表所列数据为地面干净、灌水次数少,地面绝大部分时间保持干燥

表 2-3　几种果树有地面覆盖的 K_c 值

月份 / 气候条件	3	4	5	6	7	8	9	10	11
冬季有严重霜冻、地面覆盖从4月开始计算									
苹果、樱桃									
湿润、风力轻微至中等	0.50	0.75	1.00	1.10	1.10	1.10	0.85		
湿润、大风	0.50	0.75	1.10	1.20	1.20	1.15	0.90		
干燥、风力轻微至中等	0.45	0.85	1.15	1.25	1.25	1.2	0.95		
干燥、大风	0.45	0.85	1.2	1.35	1.35	1.25	1.00		
桃、杏、李、梨、山核桃									
湿润、风力轻微至中等	0.50	0.70	1.00	1.00	0.95	0.75			
湿润、大风	0.50	0.70	1.00	1.05	1.10	1.00	0.80		
干燥、风力轻微至中等	0.45	0.80	1.05	1.15	1.15	1.10	0.85		
干燥、大风	0.45	0.80	1.10	1.20	1.20	1.15	0.90		

表 2-4　几种果树无地面覆盖作物(地面翻耕、无杂草)的 K_c 值

月份 / 气候条件	3	4	5	6	7	8	9	10	11
冬季有严重霜冻、地面覆盖从4月开始计算									
苹果、樱桃									
湿润、风力轻微至中等	0.45	0.55	0.75	0.85	0.80	0.60			
湿润、大风	0.45	0.55	0.80	0.90	0.90	0.85	0.65		
干燥、风力轻微至中等	0.40	0.60	0.85	1.00	1.00	0.95	0.70		
干燥、大风	0.40	0.65	0.90	1.05	1.05	1.00	0.75		
桃、杏、李、梨、山核桃									
湿润、风力轻微至中等	0.45	0.50	0.65	0.75	0.75	0.70	0.55		

续表 2-4

月份 气候条件	3	4	5	6	7	8	9	10	11
冬季有严重霜冻、地面覆盖从 4 月开始计算									
湿润、大风		0.45	0.55	0.70	0.80	1.10	0.75	0.60	
干燥、风力轻微至中等		0.40	0.55	0.75	0.90	0.90	0.70	0.65	
干燥、大风		0.40	0.60	0.80	0.95	0.95	0.90	0.65	
冬季有轻微霜冻,地面覆盖不休眠									
苹果、樱桃									
湿润、风力轻微至中等	0.60	0.70	0.80	0.85	0.85	0.80	0.80	0.75	0.65
湿润、大风	0.60	0.75	0.85	0.90	0.90	0.85	0.80	0.80	0.70
干燥、风力轻微至中等	0.50	0.75	0.95	1.00	1.00	0.95	0.90	0.85	0.70
干燥、大风	0.50	0.80	1.00	1.05	1.05	1.00	0.95	0.90	0.75
桃、杏、李、梨、山核桃									
湿润、风力轻微至中等	0.55	0.70	0.75	0.80	0.80	0.70	0.70	0.65	0.55
湿润、大风	0.55	0.70	0.75	0.80	0.80	0.80	0.75	0.70	0.60
干燥、风力轻微至中等	0.50	0.70	0.85	0.90	0.90	0.85	0.80	0.75	0.65
干燥、大风	0.50	0.75	0.90	0.95	0.95	0.95	0.85	0.80	0.70

注:1. 有地面覆盖作物,如果降雨频繁,K_c 值可能增大。对于幼树果园,如果地面覆盖率小于 20%,则生长中期 K_c 值降低 25%～30%;覆盖率为 20%～50%,K_c 值降低 10%～15%

2. 无地面覆盖作物,表中数值为降雨或灌溉频繁(每周 2～4 次)的情况,3 月份、4 月份和 11 月份的 K_c 值应根据前期降雨进行修正,5～10 月可以使用表中的数值,果树覆盖率小于 20% 的幼树果园,生长中期 K_c 值减少 25%～30%;覆盖率为 20%～50%,K_c 值减少 10%～15%

3. 对于核桃,由于叶子生长较慢,3～5 月份的 K_c 值可能低 10%～20%

(二)根据参考作物蒸发量计算作物需水量

参考作物蒸发量是指在供水充分的条件下,从高度均匀、生长茂盛、高为 8~15cm,且全部覆盖地表的开阔绿草地上的蒸发量。根据这一定义,认为参考作物蒸发量不受土壤含水率的影响,而仅取决于气象因素。因此,可以只根据气象资料,用经验或半经验公式计算出参考作物蒸发量,然后再根据作物种类和生育阶段,并考虑土壤、灌排条件加以修正,最后估算出作物需水量,其计算公式为:

$$ET_c = K_c E_0 \qquad\qquad (2\text{-}2)$$

式中:　E_0 为参考作物腾发量(mm/d),各地有关部门均有当地气象条件下的参考作物蒸发量,如需按气象因子计算,可参考其他书籍;

　　　　K_c 为作物系数。

(三)经验总结法

该方法是当地长期农业灌溉用水生产实践总结得出的方法,具有实际应用性,在没有灌溉试验或基本资料条件的情况下可用之,但缺少技术性。

(四)用彭曼法计算作物需水量法

必须首先算出参照作物需水量(亦称参照需水量)。参照作物需水量指土壤水分充足、地面完全覆盖、生长正常、高矮整齐的开阔(有 200m 以上的长度及宽度)矮草地(草高 8~15cm)的需水量,它是各种气象条件影响作物需水量的综合指标。取得参照需水量数据后,按公式(2-3)计算作物需水量(以下各式中诸因素未用右下角标 i,但均代表阶段内数值)。

$$ET = K_\omega \cdot K_c \cdot ET_0 \qquad\qquad (2\text{-}3)$$

式中:ET 为阶段日平均需水量(mm/d);

　　　ET_0 为阶段日平均参照需水量(mm/d);

　　　K_ω 为土壤水分修正系数;

　　　K_c 为作物系数。

参照作物需水量按公式(2-4),即修正的彭曼公式计算。

$$ET_0 = \frac{\dfrac{P_0}{P}\dfrac{\Delta}{\gamma}R_n + E_a}{\dfrac{P_0}{P}\dfrac{\Delta}{\gamma} + 1} \qquad (2\text{-}4)$$

式中：P_0 为标准大气压，$P_0 = 1\,013.25\text{kPa}$；

　　　P 为计算地点平均气压（kPa）；

　　　Δ 为平均气温时饱和水汽压随温度的变率，$\Delta = dea/dt$；

　　　ea 为饱和水汽压（kPa）；

　　　t 为平均气温（℃）；

　　　γ 为湿度计常数，$\gamma = 0.66\text{kPa}/\text{℃}$；

　　　R_n 为太阳净辐射，以所能蒸发的水层深度计（mm/d）；

　　　E_a 为干燥力（mm/d）。

P 可根据计算地点高程及气温从气象图表中查得，或按公式 (2-5) 直接计算出 P_0/P 的数值。

$$P_0/P = 10^{\frac{H}{10\,400(1+\frac{t}{273})}} \qquad (2\text{-}5)$$

式中：H 为计算地点海拔高程（m）；

　　　t 为阶段平均气温（℃）。

Δ 可按公式 (2-6) 和 (2-7)，即气象学中的马格奴斯公式计算。

$$\Delta = \frac{4\,683.11}{(273 + t)^2}e_a \qquad (2\text{-}6)$$

$$e_a = 6.1 \times 107.45t/(273 + t) \qquad (2\text{-}7)$$

R_n 可按公式 (2-8) 计算。

$$R_n = 0.75R_a(a + b\frac{n}{N}) - \sigma T_k^4(0.56 - 0.079\sqrt{e_d})$$

$$\times (0.1 + 0.9\frac{n}{N}) \qquad (2\text{-}8)$$

式中：R_a 为大气顶层的太阳辐射（mm/d）；

　　　n 为实际日照时数（h/d）；

　　　N 为最大可能日照时数（h/d）；

σT_k^4 为黑体辐射(mm/d);

σ 为斯蒂芬—博茨曼常数,可取 $2 \times 10 - 1$(mm/℃4·d);

T_k 为绝对温度,可取 $273 + t(℃)$;

e_d 为实际水汽压(kPa);

a、b 为计算净辐射的经验系数。

N 及 R_a 可根据当地的纬度及计算的月份从天文表中查得。

E_a 可按公式(2-9)计算。

$$E_a = 0.26(1 + Bu_2)(e_a - e_d) \qquad (2-9)$$

式中:　u_2 为地面以上 2m 处的风速(m/s),其他高度的风
速应换算为 2m 高处风速;

B 为风速修正系数,在日最低气温平均值大于 5℃
且日最高气温与日最低气温之差的平均值 Δt 大于
12℃时,$B = 0.7 \Delta t - 0.265$;其余条件下,$B = 0.54$。

当土壤含水率大于或等于临界含水率(毛管断裂含水率)时,
$K_\omega = 1$;小于临界含水率时,K_ω 可按公式(2-10)计算。

$$K_\omega = \frac{\omega - \omega_p}{\omega_j - \omega_p} \qquad (2-10)$$

式中:ω 为阶段土壤平均含水率(占干土重%);

ω_p 为凋萎系数(占干土重%);

ω_j 为临界土壤含水率(占干土重%)。

K_c 可由当地或邻近灌溉试验站取得,或从作物需水量等值线
图中查得,2 万 hm^2 以上灌区有条件时宜按公式(2-11)计算。

$$K_c = a' + b'LAI \qquad (2-11)$$

式中:a'、b' 为经验常数与系数,可取自当地或邻近灌溉试验
站试验资料;

LAI 为叶面积指数。

二、微灌作物耗水强度

微灌主要用于灌溉果园和条播作物,此时只有部分土壤表面被作物覆盖,并且灌水时只湿润部分土壤,与地面灌溉和喷灌相比,其地面蒸发损失要小得多。微灌作物的耗水量与作物对地面的遮阴率大小有关,其耗水强度(日耗水量)为:

$$E_a = K_r E_c \qquad (2\text{-}12)$$

$$K_t = \frac{G_c}{0.85} \qquad (2\text{-}13)$$

式中: E_a 为微灌作物的耗水强度(mm/d);

K_r 为作物遮阴率对耗水量的修正系数,当由式(2-13)计算出的数值大于 1 时,取 $K_r = 1$;

G_c 为作物遮阴率,又称作物覆盖率,随作物种类和生育阶段而变化;对于大田和蔬菜作物,设计时可取 0.8~0.9,对于果树,可根据果树树冠所占面积计算确定;在计算多年生作物的遮阴率时,一定要选取作物成龄后的遮阴率。

设计耗水强度是指在设计条件下微灌作物的耗水强度。它是确定微灌系统最大输水能力的依据,设计耗水强度越大,系统的输水能力越高,但系统的投资也就越高;反之,亦然。因此,在确定设计耗水强度时既要考虑作物对水分的需要,又要考虑经济上合理可行。规范 SL103-95 规定应取设计年灌溉季节月平均耗水强度峰值作为设计耗水强度,以 mm/d 计。

三、灌溉补充强度计算

作物生长所消耗的水量来源于天然降雨、地下水补充、土壤中原有的含水量和人工补给的水量。微灌的灌溉补充强度是指为了保证作物正常生长必须由微灌提供的水量,以 mm/d 计。因此,微灌的灌溉补充强度取决于作物耗水量、降雨和土壤含水量条件。可表示为：

$$I_a = E_a - P_0 - S \qquad (2-14)$$

式中：I_a 为微灌的灌溉补充强度（mm/d）；

E_a 为微灌条件下设计耗水强度（mm/d）；

P_0 为有效降雨量（mm/d）；

S 为根层土壤和地下水补给的水量（mm/d）。

但对于一般地区，作为设计状态，却认为作物所消耗的水量全部由灌溉补充，此时：

$$I_a = E_a \qquad (2-15)$$

第二节　设计灌水均匀度

为了保证微灌的灌水质量，灌水均匀度应达到一定的要求。在田间，影响灌水均匀度的因素很多，如灌水器工作压力的变化、灌水器的制造偏差、堵塞情况、水温变化、微地形变化等。目前在设计微灌工程时能考虑的只有水力（压力变化）和制造偏差两种因素对均匀度的影响。

微灌的灌水均匀度可以用克里斯琴森（Christiansen）均匀系数来表示，即：

$$C_u = 1 - \frac{\Delta q}{q_a} \qquad (2-16)$$

$$\Delta q = \frac{\sum_1^N |q_i - q_a|}{N} \qquad (2-17)$$

式中：C_u 为均匀系数；

q_a 为灌水器的平均流量；

Δq 为每个灌水器的流量与平均流量之差的绝对值的平

均值；

q_i 为每个灌水器的流量；

N 为灌水器个数。

一、只考虑水力因素影响时的设计均匀度

只考虑水力影响因素，微灌的均匀系数 C_u 与灌水器的流量偏差 q_v 存在着一定的近似关系，如表 2-5 所示。

表 2-5 C_u 与 q_v 关系

$C_u(\%)$	98	95	92
q_v	10	20	30

另外，在平地或均匀坡条件下微灌的流量偏差率与工作水头偏差率的关系为：

$$H_v = \frac{1}{x} q_v \left(1 + 0.15 \frac{1-x}{x}\right) q_v \qquad (2-18)$$

$$q_v = \frac{q_{max} - q_{min}}{q_n} \qquad (2-19)$$

$$H_v = \frac{h_{max} - h_{min}}{h_a} \qquad (2-20)$$

式中：x 为灌水器的流态指数；

h_{max} 为灌水器的最大工作水头（m）；

h_{min} 为灌水器的最小工作水头（m）；

h_a 灌水器的平均工作水头（m）；

q_{max} 为相应于 h_{max} 时的灌水器的流量（L/h）；

q_{min} 为相应于 h_{min} 时的灌水器的流量（L/d）；

q_a 为灌水器的平均流量（L/h）。

若选定了灌水器，已知流态指数 x，并确定了均匀系数 C_u，则可用上式求出允许的压力偏差率 H_v，从而可以确定毛管的设计工

作压力变化范围。

二、设计灌水均匀度的确定

在设计微灌工程时,选定的灌水均匀度越高,灌水质量越高,水的利用率也越高,而系统的投资也越大。因此,设计灌水均匀度,应根据作物对水分的敏感程度、经济价值、水源条件、地形、气候等因素综合考虑确定。

建议采用的设计均匀度为:当只考虑水力因素时,取 C_u 为 $0.95\sim0.98$,或 q_v 为 $10\%\sim20\%$。当考虑水力和灌水器制造偏差两个因素时,取 C_u 为 $0.9\sim0.95$。

第三节　灌溉水利用系数的确定

只要设计合理、设备可靠、精心管理,微灌不会产生输水损失、地面流失和深层渗漏。微灌的主要水量损失是由灌水不均匀和某些不可避免的损失所造成。微灌水利用系数一般采用 $0.9\sim0.95$。规范 SL103－95 规定,灌溉水利用系数滴灌应不低于 0.9,微喷灌应不低于 0.85。

一、设计灌溉制度

不同的灌溉方法有不同的设计灌溉制度,对喷灌、微灌、滴灌等而言,其原则及计算方法都是一样的。由于在整个生育期内的灌溉是一个实时调整的问题,设计中常常只计算一个理想的灌溉过程。设计灌溉制度是指作物全生育期(对于果树等多年生作物则为全年)中设计条件下的每一次灌水量(灌水定额)、灌水时间间隔(或灌水周期)、一次灌水延续时间、灌水次数和灌水总量灌溉定额,它是设计灌溉工程容量的依据,也可作为灌溉管理的参考数据,但在具体灌溉管理时应依据作物生育期内土壤水分状况而定。

二、设计净灌水定额计算

微灌系统的设计灌水定额可由下式计算求得：

$$I_n = \beta(F_d - W_0)Z\rho_w/1\,000 \qquad (2\text{-}21)$$

式中：　I_n 为设计净灌水定额（mm/d）；

β 为土壤中允许消耗的水量占土壤有效水量的比例（%），β 值取决于土壤、作物和经济因素，一般为 30%～60%，对土壤水分敏感的，如蔬菜等，采用下限值，对土壤水分不敏感的作物，如成龄果树，可采用上限值；

F_d、W_0 分别为土壤田间持水量和作物凋萎系数（占土体体积的%），$(F_d - W_0)$ 值表示土壤中保持的有效水分数量，不同类型土壤的 F_d、W_0 及 $(F_d - W_0)$ 值见表 2-6；

Z 为微灌土壤计划湿润层深度（m），根据各地的经验，各种作物的适宜土壤湿润层深度如下，蔬菜为 0.2～0.3m，大田作物为 0.3～0.6m，果树为 1.0～1.5m；

ρ_w 值取决于作物种类及生育阶段，土壤类型等因素。

设计净水定额也可用下式计算。

$$I_n = 0.1(\beta_{max} - \beta_0)\frac{\gamma}{\gamma_水}Z\rho_w \qquad (2\text{-}22)$$

式中：β_{max} 为田间持水量，以干土重百分比计（%）；

β_0 为灌前土壤含水量，为作物允许的土壤含水量下限，以干土重百分比计（%）；

γ、$\gamma_水$ 分别为土壤的干密度和水的密度（t/m³）；

其余符号意义同前。

表 2-6　各种土壤有效水分含量　（占土体体积百分比）

土壤质地	F_d	W_0	$F_d - W_0$
黏土(细粒)	43	30	13
黏壤土(细粒)	31	22	9
壤土(中等)	17	7	10
砂壤土(中等)	12	4	8
砂土(粗粒)	4	1	3

表 2-7 中列出了各类土壤干密度和两种水分常数,可供设计时参考。

表 2-7　不同土壤干密度和水分常数

土壤	干密度 (t/m^3)	水分常数			
		重量比(%)		体积比(%)	
		凋萎系数	田间持水量	凋萎系数	田间持水量
紧砂土	1.45～1.60		16～22		26～32
砂壤土	1.36～1.54	4～6	22～30	2～3	32～42
轻壤土	1.40～1.52	4～9	22～28	2～3	30～36
中壤土	1.40～1.55	6～10	22～28	3～5	30～35
重壤土	1.38～1.54	6～13	22～28	3～4	32～42
轻黏土	1.35～1.44	15	28～32	—	40～45
中黏土	1.30～1.45	12～17	25～35	—	35～45
重黏土	1.32～1.40		30～35	—	40～50

三、设计灌水周期的确定

设计灌水周期是指在设计灌水定额和设计耗水量的条件下,能满足作物需要,两次灌水之间的最长时间间隔。这只是表明系统的能力,而不能完全限定灌溉管理时所采用的灌水周期,有时为了简化设计,可采用 1d。设计灌水周期可按下式计算。

$$T = \frac{I_n}{E_a} \tag{2-23}$$

式中:T 为设计灌水周期(d);

I_n 为设计净灌水定额(mm);

E_n 为设计时选用的作物耗水强度(mm/d)。

四、一次灌水延续时间的确定

单行毛管直线布置,灌水器间距均匀情况下,一次灌水延续时间由公式(2-24)确定。对于灌水器间距非均匀安装的情况下,可取 S_e 为灌水器的间距的平均值。

$$t = \frac{I_n S_e S_L}{\eta q} \tag{2-24}$$

式中:t 为一次灌水延续时间(h);

I_n 为净设计灌水定额(mm);

S_e 为灌水器间距(m);

S_L 为毛管间距(m);

η 为田间水利用系数,取 0.9~0.95;

q 为灌水器流量(L/h)。

对于果树,每棵树有 n 个灌水器时,则

$$t = \frac{I_n S_r S_t}{n \eta q} \tag{2-25}$$

式中:S_r、S_t 分别为果树的株行距(m);

其余符号意义同前。

五、灌水次数与灌溉定额

使用微灌技术,作物全生育期(或全年)的灌水次数比传统的地面灌溉多。由于我国山地多,山坡地果园占大多数,且多数无灌溉条件。从季节来说,冬季雨雪稀少,北方地区春季干旱(3~5月份)经常发生,此间正值多数果树生长旺盛期,需水量大,春旱对果树生长发育影响极大。如能春灌(3～5月份)1～3次可增产10％～30％,果树越冬前的冬灌和早春灌溉(2～3月份)对防寒保温和补给早春需水极为重要,是增产的重要措施。南方果产区果树种类繁多,常绿果树类(柑橘、香蕉、菠萝、荔枝、杨梅、枇杷等)和相当数量的落叶果树类(梨、桃、李、梅、柿、栗等)冬季早春(12月份至翌年2月份)需要灌水,有时遭受早春干旱(一般为1～3月份)和夏秋之交干旱(通常是8～10月份,尤其是"伏旱")威胁,对增产影响很大。尽管南方水源较充裕,但多数山地果园因无灌溉条件而常受旱灾。如果能采用节水灌溉和保水保墒措施则有望增产增收。灌水总量为生育期或一年内(对多年生作物)各次灌水量的总和。

第四节　系统工作制度的确定

微灌系统的工作制度通常分为全系统续灌和分组轮灌两种情况。不同的工作制度要求的流量不同,因而工程费用也不同。在确定工作制度时,应根据作物种类,水源条件和经济状况等因素做出合理选择。

一、全系统续灌

全系统续灌是对系统内全部管道同时供水,对设计灌溉面积内所有作物同时灌水的一种工作制度。它的优点是灌溉供水时间短,有利于其他农事活动的安排。缺点是干管流量大,增加工程的投资和运行费用;设备的利用率低;在水源流量小的地区,可能缩小灌溉面积。

二、分组轮灌

较大的微灌系统为了减小工程投资,提高设备利用率,增加灌溉面积,通常采用轮灌的工作制度。一般是将支管分成若干组,由干管轮流向各组支管供水,而支管内部则同时向毛管供水。

(一)划分轮灌组的原则

①各轮灌组控制的面积应尽可能相等或相接近,以使水泵工作稳定,效率提高。

②轮灌组的划分应照顾农业生产责任制和田间管理的要求。例如,一个轮灌组包括若干片责任地(树),尽可能减少农户之间的用水与其他农业措施如施肥、修剪等得到较好地配合。

③为了便于运行操作和管理,通常一个轮灌组管辖的范围宜集中连片,轮灌顺序可通过协商自上而下或自下而上进行。有时,为了减少输水干管的流量,也采用插花操作的方法划分轮灌组。

(二)确定轮灌组数

按作物需水要求,全系统划分的轮灌组数目如下。

$$N \leqslant \frac{CT}{t} \tag{2-26}$$

式中:N 为允许的轮灌组最大数目,取整数;

    C 为 1d 运行的小时数,一般为 12～20h,对于固定式系统不低于 16h;

    T 为灌水时间间隔(周期)(d);

    t 为一次灌水持续时间(h)。

实践表明,轮灌组过多,会造成各农户的用水矛盾,按上式计算的 N 值为允许的最多轮灌组数,设计时应根据具体情况灵活确定合理的轮灌组数目。

(三)轮灌组的划分方法

通常在支管的进口安装闸阀和流量调节装置,使支管所管辖的面积成为一个灌水单元,称灌水小区。一个轮灌组可包括一个或若干个灌水小区。

第五节　系统流量计算

一、毛管流量计算

一条毛管的进口流量为其上灌水器或出水口流量之和,即

$$Q_毛 = \sum_1^N q_i \tag{2-27}$$

式中:$Q_毛$ 为毛管进口流量(L/h);

　　　N 为毛管上灌水器或出水口的数目;

　　　q_i 为第 i 个灌水器或出水口的流量(L/h)。

设毛管上灌水器或出水口的平均流量为 q_a,则

$$Q_毛 = Nq_a \tag{2-28}$$

为了方便,设计时可用灌水器设计流量 q_d 代替平均流量 q_a,即

$$Q_毛 = Nq_d$$

毛管设计对整个系统的投资有较大的影响。

二、支管流量计算

通常支管双向给毛管配水,如图 2-1 所示,支管上有 N 排毛管,由上而下编号为 1,2,…N-1,N,将支管分成 N 段,每段编号对应于其下端毛管的编号。任一支管段 n 的流量为

$$Q_{支n} = \sum_{i=n}^N (Q_{毛Li} + Q_{毛Ri}) \tag{2-29}$$

式中:$Q_{支n}$ 为支管第 n 段的流量(L/h);

　　　$Q_{毛li}$、$Q_{毛Ri}$ 分别为第 i 排左侧毛管和右侧毛管进口流量

(L/h)；

n 为支管分段号。

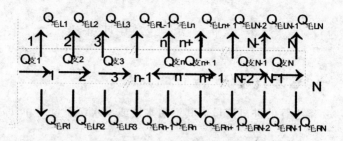

图 2-1　支管配水示意图

支管进口流量(n=1)为

$$Q_支 = Q_{支1} = \sum_1^N (Q_{毛Li} + Q_{毛Ri}) \qquad (2-30)$$

当毛管流量相对相等时,即

$$Q_{毛Li} = Q_{毛Ri} = Q_毛$$

$$Q_{支n} = 2(N - n + 1) Q_毛$$

$$Q_支 = 2NQ_毛$$

三、干管流量推算

(一)续灌情况

任一干管段的流量等于该段干管以下支管流量之和。

(二)轮灌情况

任一干管段的流量等于通过该管段的各轮灌组中最大的流量。

第三章　水　源

第一节　水源的分类与特征

水源主要有地下水、地上水两大类。具体来说,地下水有上层滞水、潜水、承压水和泉水;地上水有山溪水、江河水、湖泊水、水库水、方塘水和雨水。

一、地 下 水

(一)上层滞水

上层滞水是处于地表以下、局部隔水层以上的地下水。一般分布范围不大,水量较小,且受当地气候影响,随季节变化大,不宜作为可靠的水源。

(二)潜　水

潜水是处于地表以下第一个连续分布的隔水层以上,具有自由水面的地下水,潜水分布普遍,一般埋深较浅,易开采。根据含水层性质的不同,水量差异很大,水位和水量随当地气象因素影响而相应变化。

(三)承 压 水

承压水是处于两个连续分布的隔水层之间或构造断层带及不规则裂隙中,具有一定水头压力的地下水。有时可形成自流。一般埋藏较深,含水层富水性较好,水量丰富。由于地下水的补给区和分布区不一致,受当地气象影响不显著,水位和水量较稳定,是理想和重要的水源。

(四)泉 水

泉水是地下水涌出地表的天然水点,根据泉水的补给来源和成因,可将泉水分为下降泉和上升泉,下降泉由上层滞水或潜水补给,泉的流量、水温、水质随季节变化。上升泉由承压水补给,泉的流量、水温、水质较稳定,随季节变化小。

二、地 上 水

(一)山 溪 水

水量受季节降水的影响较大,一般水质较好,浊度较低,但有时漂浮物较多。

(二)江河水、湖泊水、水库水、方塘水和雨水

水量和水质受季节和降水的影响较大,水的浊度与细菌含量一般较湖泊、水库水高,且易受人为的环境污染。

(三)湖泊水、水库水、方塘水

水量、水质受季节和降水的影响,一般水量比江河水小,浊度较江河水低,细菌含量较少,但水中藻类等水生物在春、秋季繁殖较快,可能引起臭味。

第二节 地下水取水构筑物

由于地下水的类型、埋藏条件等各不相同,因此开采、取集地下水的方法和取水构筑物的型式也各不相同。

一、取水构筑物的分类与选用原则

按照构造情况,地下水取水构筑物包括管井、大口井、渗渠、辐射井及引泉设施等,见图 3-1 至图 3-5,它们的适用条件见表 3-1。

表 3-1 各种地下水取水构筑物的适用条件

型式	常用深度	常用尺寸	水文地质条件			出水量（m³/d）	使用年限
			地下水埋深	含水层厚度	水文地质特征		
管井	20～200m	常用井径为150～400mm	在抽水设备能解决的情况下一般不受限制	一般在5m以上，当补给水源充足时，也可在3m以上	适用于任何砂、卵、砾石层，构造裂隙，岩溶裂隙	单井出水量一般为500～3000	一般为7～10年
大口井	6～20m	常用井径为1～3m	埋深较浅，一般在12m以内	一般为5～15m	适用于任何砂、卵、砾石层，渗透系数最好在20以上	单井出水量一般为500～5000	一般为10～20年
渗渠	2～4m	管径为200～800mm，渠道宽为0.6～1.0m，长10～50m	埋深浅，一般在2m以内	厚度较薄，一般为4～6m，个别地区仅在2m以上	适用于中砂、粗砂、砾石或卵石层	一般为5～15	一般为5～10年
辐射井	6～20m	集水井同大口井，辐射管管径一般不超过100mm，长度小于10m	同大口井	同大口井，能有效地开采水量丰富、含水层较薄的地下水和河床渗透水	含水层最好为中、粗砂或砾石，不得含有漂石	单井出水量为1000～10000	辐射管部分同渗渠，井的部分同大口井
引泉池					裂隙水或岩溶水（即洞穴水）出露处	差别很大，为30～8000	一般为10年左右

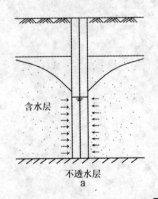 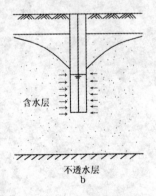

图 3-1 管 井

a 完整式管井　　b 非完整式管井

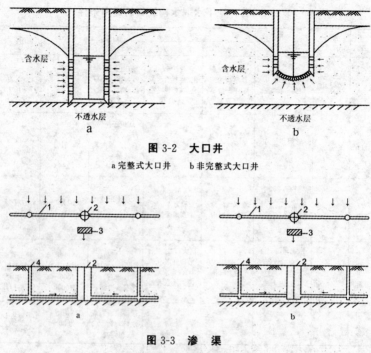

图 3-2　大口井

a 完整式大口井　　b 非完整式大口井

图 3-3　渗　渠

a 完整式渗渠　　b 非完整式渗渠

1.集水管　2.集水井　3.泵　房　4.检查井

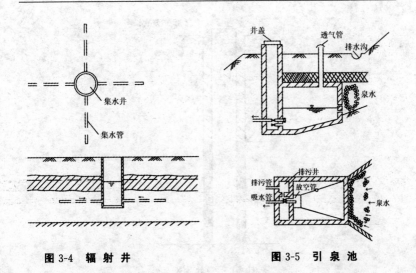

图 3-4　辐 射 井　　　　　　图 3-5　引 泉 池

二、管 井

(一)管井的构造

管井的构造见图 3-6,其组成与作用见表 3-2。

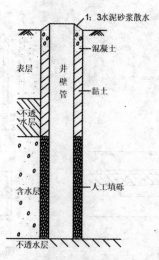

图 3-6　管井构造图

表 3-2　管井的组成及其作用

名　称	作　用　与　要　求
井　室	井室在管井的上部,用来保护井口免受污染,安装抽水设备和进行维护管理的场所,井室内的井口应高出井室地面 0.3～0.5m,其周围应用黏土或水泥等不透水材料封闭,封闭深度一般应不小于 3m
井壁管	井壁管用于加固井壁,隔离水质不良或水头较低的含水层,井壁管可采用金属管或非金属管,井深小于 150m 时,可采用非金属管;大于 150m 时则应采用金属管
过滤器	过滤器又称滤水管,安装在含水层中,用以集水、保持填砾和含水层的稳定性
人工填砾	在过滤器的周围充填一层粗砂或砾石作为人工反滤层,以保持含水层的渗透稳定性,提高过滤器的透水性,改善管井的工作性能,提高管井单位出水量,延长管井使用年限
沉淀管	沉淀管设在管井的最下部,用来沉淀进入井内的细砂和自水中析出的沉淀物,沉淀管长度一般为 2～10m

(二)过　滤　器

常用过滤器类型见表 3-3 所示,其中应用较多者为钢筋骨架缠丝过滤。

表 3-3　常用过滤器类型

名　称	特点与适用条件
钢盘骨架缠丝过滤器	以圆钢作骨架材料焊制成管状,其外缠丝,孔隙率为 50%～70%。它质轻、造价低,但强度较差,适用于较浅的中砂、粗砂、砾石含水层
钢制骨架缠丝过滤器	以带孔的钢管为骨架,外缠丝,孔隙率达 35%左右,其强度较大,但抗腐蚀性较差,适用于较深的管井
铸铁骨架缠丝过滤器	以带圆孔的铸铁管为骨架,外缠丝,孔隙率达 25%,抗腐蚀性能较强,适用于井深小于 250m 管井
钢筋混凝土骨架缠丝过滤器	以带孔的预制钢筋混凝土管为骨架,外缠 Φ1.5～3.0mm 的镀锌铁丝,孔隙率为 15%～20%
砾石水泥过滤器	又称无砂混凝管,可就地取材,制作简单,造价低,适合村镇供水管井采用,孔隙率为 20%左右,适用于井深 50～80m 的管井,外填砾石层厚 50～100mm
金属圆孔过滤器	常用铸铁管或钢管加工而成,圆孔排列多呈梅花状,圆孔直径一般为 10～25mm,孔距为 1～2 倍孔径,此种过滤器适用于坚硬不稳定的裂隙岩层,松散碎石、卵石层
金属条孔过滤器	常用金属管加工而成,条孔宽一般为 10～15mm,孔隙率为 10%～30%,适用于中砂、粗砂、砾石含水层

过滤器的类型与含水层的特征有关,可按表 3-4 选用。

表 3-4　适用于不同含水层的过滤器类型

含水层的特征	过滤器的类型
稳定性好的岩溶、裂隙含水层	可不安装井壁管及过滤器
稳定性差的岩溶、裂隙含水层中无充填物	缠丝、无缠丝过滤器
稳定性差的岩溶、裂隙含水层中有充填物	缠丝、无缠丝砾石过滤器
$d_{20}>20mm$ 的碎石土类含水层	缠丝、无缠丝过滤器或缠丝、无缠丝砾石过滤器
$d_{20}\leq20mm$ 的碎石土类含水层	缠丝、无缠丝砾石过滤器
细砂、粉砂含水层	无缠丝双层砾石过滤器或缠丝砾石过滤器

(三)单井出水量的计算

单井出水量可根据水源地现有水源井或灌溉井,或水文地质条件相似地区已建成井的抽水试验所得 Q-S 曲线进行分析计算。这种方法的优点是不必考虑井的边界条件,避开理论公式中难以测准的水文地质参数,能够全面概括井的各种复杂因素,因此计算结果比较符合实际情况。但应予注意的是,井的构造对抽水试验有较大的影响,故所选用的试验井应尽量接近设计井。

用经验公式计算单井出水量,是在抽水试验基础上,找出试验井的出水量 Q 和水位降落值 S 之间关系的曲线方程式(即经验公式),据此计算出处于设计水位降落值时井的出水量,或根据所需井的出水量计算井内水位降落值。

计算单井出水量的经验公式及适用条件见表 3-5。

表 3-5 常用经验公式表

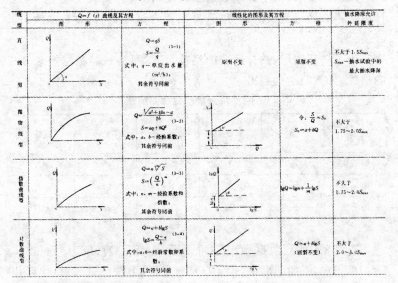

注：Q 为推算设计出水量(L/s)；

S 为相应 Q 时的水位降深(m)；

Q_1 为第一次抽水试验时井的出水量(L/s)；

Q_2 为第二次抽水试验时井的出水量(L/s)；

S_1 为第一次抽水试验时井内水位降落(m)；

S_2 为第二次抽水试验时井内水位降落(m)；

H 为潜水含水层厚度(m)；

Q_n、S_n 为多次抽水试验中最大出水量(L/s)，与相应的最大水位降落(m)；

a、b、n、m 为由抽水试验决定的经验参数；

S_0 为单位降深[m/(L/s)]；

S_0' 为第一次抽水试验时的单位降深[m/(L/s)]；

S_0'' 为第二次抽水试验时的单位降深[m/(L/s)]；

　　应用经验公式的计算方法：首先应进行不小于 3 次水位降落值的抽水试验，在此基础上绘制 Q-S 曲线；其次按曲线的型式，查表 3-5 中的线型，对号入座，如所绘 Q-S 曲线是直线，则可按公式(3-1)计算，如不是直线，须进一步判别，这就需要参照表 3-5 中转化后图形的要求,将坐标系数适当改变,使 Q-S 曲线变为直线,这样可以不必经过复杂的运算,选择出符合试验资料(Q-S 曲线)的经验公式。

为了转化图形,选择适宜的经验公式,可将试验数据按表 3-6 的格式,计算归纳后列出。

表 3-6　抽水试验数据归纳表

水位降落次数	S	Q	$S_0 = \dfrac{S}{Q}$	lgS	lgQ
第一次	S_1	Q_1	$S_0{}'$	lgS_1	lgQ_1
第二次	S_2	Q_2	$S_0{}''$	lgS_2	lgQ_2
第三次	S_3	Q_3	$S_0{}'''$	lgS_3	lgQ_3

按表 3-6 所列数据做出下列图形:$S_0 = f(Q)$;$lgQ = f(lgS)$;$Q = f(lgS)$。假如图形中 $S_0 = f(Q)$ 为直线,可按公式(3-2)计算井的出水量;假如图形中 $Q = f(lgS)$,则可按公式(3-4)计算井的出水量。

【例题 3-1】　为推算出某村水源井的出水量,在其附近一口构造相同的灌溉井做了 3 个不同水位降落值的抽水试验,结果为 $S_1 = 6.2m$,$Q_1 = 1.2L/s$;$S_2 = 9.3m$,$Q_2 = 1.8L/s$;$S_3 = 12.4m$,$Q_3 = 2.4L/s$。求水位降落值为 20m 时井的出水量。

解:据已知资料,绘制 $Q = f(S)$ 曲线,如图 3-7 所示,$Q = f(S)$ 为一条通过原点的直线,则可按公式(3-1)计算出水量。

$$Q = \frac{Q_3}{S_3} \cdot S = \frac{2.4}{12.4} \times 20 = 3.87(L/S)$$

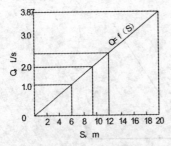

图 3-7 例题 3-1 Q-S 图形

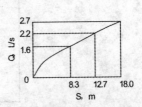

图 3-8 例题 3-2 Q-S 图形

【例题 3-2】 为推算设计水源井的出水量,在该井附近一口构造相近的灌溉井做了抽水试验,其结果为:$S_1=8.3m$,$Q_1=1.6L/s$;$S_2=12.7m$,$Q_2=2.2L/s$;$S_3=18.0m$,$Q_3=2.7L/s$。求水位降落值 22m 井的出水量。

解:按试验资料绘制 $Q=f(S)$ 图形,见图 3-8。$Q=f(S)$ 为一曲线,需进行图形转化。为此,先按表 3-6 格式,列出抽水试验数据归纳表,见表 3-7。

按表 3-7 中所列数据绘制转化后的图形,其中,$Q=f\lg S$ 呈直线关系,见图 3-9 所示。查表 3-5,得知该井出水量可按公式(3-4)进行计算。

其中,$b=\dfrac{Q_2-Q_1}{\lg S_2-\lg S_1}=\dfrac{2.2-1.6}{1.104-0.919}=3.243$

$a=Q_1-b\lg S_1=1.6-3.243\times0.919=-1.38$

则 $Q=1.38+3.243\lg 22=2.97(L/s)$

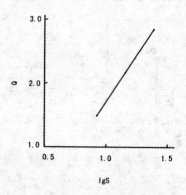

图 3-9   例题 3-2   Q-S 转化后图形

表 3-7   例题 3-2 抽水试验数据归纳表

水位降落 次数	S	Q	$S_0 = \dfrac{S}{Q}$	lgS	lgQ
第一次	8.3	1.6	5.18	0.919	0.204
第二次	12.7	2.2	5.78	1.104	0.342
第三次	18.0	2.7	6.69	1.255	0.431

(四)确定井径与井深

井孔直径与当地水文地质条件、用水量、井的深度、井壁管管径大小等有关。一般情况,井孔直径比井管外径大 100～200mm,以便填砾与封井。井径与井出水量的关系,目前仍采用经验公式计算,在透水性较好的承压含水层,如砾石、卵石、砂砾石层,可用式(3-5)计算。

$$\frac{Q_1}{Q_2} = \frac{\gamma_1}{\gamma_2} \qquad (3-5)$$

在无压含水层中,可用式(3-6)计算。

$$\frac{Q_1}{Q_2} = \sqrt{\frac{\gamma_2}{\gamma_1}} - n \qquad (3-6)$$

式中：Q_2、Q_1 为大井、小井的出水量（m^3/d）；

　　γ_2、γ_1 为大井、小井的半径（m）；

　　n 为系数，可按式（3-7）计算。

$$n = 0.021\left(\frac{\gamma_2}{\gamma_1} - 1\right) \tag{3-7}$$

管井滤管的内径，应根据井内水流上升允许速度进行复核，允许速度可参考表 3-8。

表 3-8　井内集水部分水流上升允许速度

滤管内径（mm）	150	200	250	300	350	400
v(m/s)	0.9	1.0	1.3	1.5	1.6	1.8

除上述经验公式外，一些单位的实际经验也可借鉴：在中、细砂层中，滤管直径采用 200～250mm；在砂砾、卵石层中，采用 300～400mm。

井深主要取决于需要开采的含水层的埋藏深度和所用抽水设备的特殊要求。为满足饮用水的卫生条件，一般要求取 20m 以下含水层的水。如果含水层与不透水层相间存在，各含水层的厚度又较薄，则需采取多层取水。确定井深时，还应考虑底部安装沉淀管的要求。井深 20～30m 深时，则沉淀管长度不小于 2m；井深 31～90m 时，沉淀管长度不小于 5m；井深大于 90m 时，沉淀管长度不小于 10m。

（五）井管深度

砾石混凝土井管的最大下管深度为 60m；应用热扩口承插法连接的塑料井管，最大下管深度为 100m；钢筋混凝土井管最大下管深度可达 100～200m；铸铁井管一般可达 250m；钢制井管适用的井深范围一般不受限制。具体可参照表 3-9 中的允许拉力计算，要求下管时拉力小于表中所列的允许拉力。

表 3-9　不同材质井管的允许拉力　（单位：kN）

	钢　井　管							钢筋混凝土井管			铸铁井管				
	公称直径 （mm）							公称直径 （mm）			公称直径 （mm）				
	150	200	250	300	350	400	500	250	300	350	150	200	250	300	350
井壁管	441	588	726	883	1285	1471	2256	59	98	118	147	216	294	353	422
滤管	157	196	245	363	441	490	735	14.7	19.6	34.3	88	118	157	216	235

注：表中钢井管按Ⅰ级钢计算；铸铁井管，公称直径 150mm 按连续浇注铸铁管（GB 3482—82）LA 级管；公称直径＞200mm 按离心浇注铸铁管（GB 3481—82）级管的壁厚计算

（六）填砾与封井

填砾的规格及厚度，与含水层的砂、石情况，水文地质条件及所采用的滤管构造有关，一般情况可参考表 3-10。

填砾深度一般应比含水层厚度大几米至十几米，以防抽水后填砾下沉露出滤管。填砾时要徐徐填入，避免砾石充塞于井孔上部。

含水层与井口的封闭一般应用黏土球，球径为 20～25mm，黏土球填入后会遇水压缩，容易造成填砾错位，所以填入高度应比所需封闭位置多 25% 左右，填至距地面 0.5m 时，用混凝土填实，混凝土表面用 1：3 水泥砂浆抹成散水状井口，井口要高出泵房地面 50～100mm。

表 3-10　管井填砾的规格与厚度

含水层中砂、石情况	填砾规格（mm）	填砾厚度（mm）
细砂为主（0.1～0.25）	1～2	100～150
中砂为主（0.25～0.5）	2～4	75～100
粗砂为主（0.5～1.0）	4～8	50～75

续表 3-10

含水层中砂、石情况	填砾规格（mm）	填砾厚度（mm）
砾砂为主(1.0～2.0)	8～10	50
砾石、卵石为主(＞2.0)	16～30	50

三、大 口 井

大口井适用于潜水、承压水,含水层厚度 5～15m、且埋深在 10m 以内的地下水。大口井井径一般为 2～10m,井深在 20m 以内,单井出水量为 500～10 000m³/d。

(一)构造特点

大口井的构造主要由井口、井筒及进水部分组成。

1. **井口**　井口是大口井露出地表面的部分。为防止雨水、污水流入井内造成污染,井口应高出地面 0.5m,厚度为 1.5m 的黏土层。如水泵机组与大口井合建,可在大口井上面建泵房;如分建,则井口上只设盖板、入孔和通气孔即可。

2. **井筒**　井筒是大口井的主体,一般有圆形、截头圆锥形和阶梯圆筒形等多种。其作用是为了加固井壁,防止井壁坍塌及隔离水质不良的含水层等。井筒一般采用钢筋混凝土、砖、石、混凝土块或预制钢筋混凝土圈等砌筑。当采用沉井法施工时,井筒下应做刃脚,刃脚用钢筋混凝土制成。为减少下沉时的摩擦并保护井筒,刃脚要比筒大 100mm,见图 3-10。

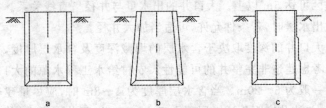

图 3-10　**井筒外形**

a 圆筒形　b 截头圆锥形　c 阶梯圆筒形

3. **进水部分** 进水部分有井壁进水孔、透水井壁和井底反滤层三种型式,其作用在于从含水层中采集地下水,是大口井中保证出水量与水质的关键部分。

其进水孔的面积可按式(3-8)计算。

$$F = \frac{Q}{v} \qquad\qquad (3-8)$$

式中:F 为进水孔面积(m^2);

Q 为井壁进水量(m^3/s);

v 为允许进水流速(m/s)。

(二)大口井型式的选择

当含水层厚度为 5~10m 时,一般采用完整式大口井。如条件许可,最好做成非完整式大口井,井底距不透水层应不小于 1~2m。含水层厚度大于 10m,均采用非完整式井。

当井的出水量大,且含水层较厚或水位抽降较大时,一般采用大口井与泵站合建,泵站做成半地下式,以减少吸水高度。

当大口井设在河漫滩或低洼地区时,须考虑不受洪水冲刷和淹没的措施。井盖应设密封人孔,并高出地面 0.5~0.8m。井盖上设通风管,其管顶应高出地面或最高洪水位 2m。

(三)大口井的设计

1. **井径与深度的确定** 大口井的井径一般为 1.0~3.0m,个别地区可达 5m 以上。大口井的出水量与井径呈直线关系。需要增大出水量时,若条件允许,可适当加大井径。

大口井的深度取决于含水层的埋藏深度及含水层厚度,并应优先考虑建造非完整井的可能性。农村给水工程水源的大口井,深度一般为 6~20m。当含水层厚度为 4~8m 时,应尽量建非完整井,并使井底距不透水层不小于 1~2m,以便井底进水;若含水层厚度大于 10m,均应建造非完整井。

2. **井壁厚度的确定** 井壁厚度与井深、地质情况、井壁所用材料、施工条件等有关。钢筋混凝土井壁,当井深 15m 左右、井壁厚度 0.2～0.3m 时,可采用双层布筋,环向筋间距为 200mm、250mm,纵向筋间距上部 200mm,下部 100mm,钢筋直径为 Φ8mm、Φ10mm,刃脚部分局部钢筋为 Φ20mm。

砖砌大口井的井壁厚度可按经验公式(3-9)计算。

$$砖砌大口井井壁厚度 \geq 0.1 \times 井内径 + 0.1(m) \quad (3-9)$$

一般砖井井壁厚度,下部不小于 0.37m,上部不小于 0.24m。

块石砌大口井的井壁厚度可按经验公式(3-10)计算。

$$块石大口井井壁厚度 \geq 0.1 \times 井内径 + 0.18(m) \quad (3-10)$$

一般砖石砌大口井的井壁厚度不小于 0.4m。

3. **井壁进水孔** 井壁进水孔应设在动水位以下,在井壁上交错排列,水平间距 0.6～0.8m,垂直间距 0.4～0.6m。井壁进水孔总面积占动水位以下井壁总面积的 15%～20%。

井壁进水孔有水平孔与斜形孔两种型式。水平进水孔也可做成直径 100～200mm 的圆孔,也可做成宽 100～200mm、高 150～250mm 的矩形孔。为防止滤料流失,需在孔两端装设隔网。斜形进水孔的孔径为 50～150mm,孔的侧角与壁厚、钢筋构造有关,一般不超过 45°,只需在井外壁一侧设隔网。

进水孔内装填滤料,一般为两层,外部粒径小,内部粒径大。进水孔内填滤料与含水层之间的关系可参考表 3-11。

表 3-11 进水孔内填滤料与含水层关系

含水层颗粒情况	进水孔内填滤料粒径(mm)	
	外层	内层
粉、细砂为主	0.75～1.50	3.00～6.00
中砂为主	1.50～3.00	6.00～12.00
粗砂为主	3.00～6.00	12.00～24.00

4. 透水井壁设计　透水井壁指在动水位以下、刃脚以上、用砾石混凝土建造的井壁,孔隙率 15%～20%。为保证井壁强度,每隔 1m 左右需设一道钢筋混凝土圈梁,梁厚 0.1～0.2m。

砾石混凝土常用浑圆度较好的砾石、小卵石为骨料,加一定数量的水泥制成。砾石粒径与含水层颗粒情况有关。灰石比(重量比)为 1:6,水灰比随砾石大小变化,见表 3-12。

表 3-12　不同含水层中砾石混凝土设计数据

含水层情况	砾石粒径(mm)	灰石比	水灰比	混凝土标号
粗砂、砾石、卵石	10～20	1.6	0.38	90
粗砂、中砂	5～10	1.6	0.42	100
中砂、细砂	3～5	1.6	0.46	80

5. 井底反滤层　从井底部进水的大口井较多,为保证水质,防止涌砂,凡自砂、砾含水层中取水时,井底均需设反滤层。井底反滤层一般为 3 层,滤料颗粒自下往上逐渐变大,滤料层数及粒径均与含水层种类有关,见表 3-13。

表 3-13　不同含水层井底反滤层滤料粒径和厚度

含水层类别	第一层		第二层		第三层		第四层		总厚度(mm)
	滤料粒径(mm)	厚度(mm)	滤料粒径(mm)	厚度(mm)	滤料粒径(mm)	厚度(mm)	滤料粒径(mm)	厚度(mm)	
细砂	1～2	300	3～6	300	10～20	200	60～80	200	1 000
中砂	2～4	300	10～20	300	50～80	200			700
粗砂	4～8	200	20～30	200	60～100	200			600
极粗砂	8～15	200	30～40	200	100～150	200			600
砂砾石	15～30	20	50～150	200					400

设计时应注意,由于刃脚处的滤层应适当加厚,其总厚度可比中心处加厚 20%～30%。

(四)通用图简介

建设部标准设计研究所编制的钢筋混凝土及砖石造大口井标准图集,图号为 85S653,为便于使用,将其规模与主要材料用量摘录成表 3-14 及表 3-15。

表 3-14 钢筋混凝土大口井规格和主要材料用量

井径 m	井深 m	标准图号	混凝土用量			钢筋用量	
			标 号	现浇(m³)	预制(m³)	等 级	重量(kg)
0.5	6	85S653—(一)	200	6.83	0.294	Ⅰ级	451.18
	8			8.97	0.294		541.98
	10			11.11	0.294		632.78
2.0	6	85S653—(二)	200	9.00	0.60	Ⅰ级	700.00
	8			12.00	0.60		846.00
	10			14.50	0.60		991.00
	12			17.00	0.60		1 137.00
2.5	9	85S653—(三)	200	10.80	0.70	Ⅰ级	629.30
	8			14.00	0.70		748.30
	10			17.60	0.70		881.30
	12			21.00	0.70		1 014.30
3.0	6	85S653—(四)	200	12.78	0.80	Ⅰ级	737.30
	8			16.80	0.80		865.90
	10			20.83	0.80		1072.40
	12			24.84	0.80		1230.40
	14			28.88	0.80		1435.40

表 3-15 砖、块石大口井规格和主要材料用量

井径 (m)	井深 (m)	标准图号	砖大口井				块石大口井			
			200号混凝土		I级 钢筋	75号 砖50 号砂 浆砌 体(m²)	200号混凝土		I级 钢筋	200号 砖50 号砂 浆砌 体(m²)
			现浇 (m³)	预制 (m³)			现浇 (m³)	预制 (m³)		
0.5	6	85S653—(一)	2.0	0.31	172.3		2.1	0.31	174.8	11.9
	8		2.0	0.31	172.3		2.1	0.31	174.8	16.7
	10		2.0	0.31	172.3		2.1	0.31	174.8	21.5
2.0	6	85S653—(二)	3.5	0.61	329.0		3.5	0.61	344.0	15.0
	8		3.5	0.61	329.0		3.5	0.61	344.0	21.0
	10		3.5	0.61	329.0		3.5	0.61	344.0	27.0
	12		3.5	0.61	329.0		3.5	0.61	344.0	33.0
2.5	6	85S653—(三)	3.5	0.70	299.9	14.1	3.5	0.70	309.9	21.8
	8		3.5	0.70	299.9	19.5	3.5	0.70	309.9	29.1
	10		3.5	0.70	299.9	24.9	3.5	0.70	309.9	36.4
	12		3.5	0.70	299.9	30.3	3.5	0.70	309.9	43.7
3.0	6	85S653—(四)	4.3	1.00	421.8	16.7	4.3	1.00	434.8	18.6
	8		4.3	1.00	421.8	23.1	4.3	1.00	434.8	25.6
	10		4.3	1.00	421.8	29.4		1.00	434.8	32.8
	12		4.3	1.00	421.8	35.5		1.00	434.8	39.9

注:1. 砖砌大口井壁厚,动水位以下为370mm,动水位以上240mm,刃脚处最大厚度470mm

2. 石砌大口井壁厚按400mm计,刃脚处最大厚度为500mm

四、渗 渠

渗渠是应用于潜水、河床渗透水、且埋深在 8m 以下,含水层厚度为 4～6m、补给良好的中粗砂砾石、卵石层的地下水取水构筑物。渗渠宽一般 450～1 500mm,渠深常在 4～6m,单渠出水量一般为 10～30m³/h。

(一)构造特点与设计

渗渠的构造见图 3-11 和图 3-12 所示,由集水管(渠)、进水孔、人工滤层、集水井和检查井组成。

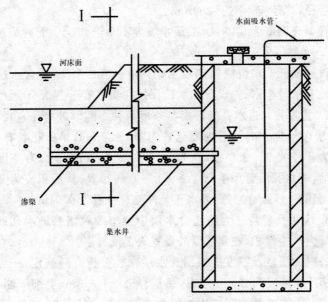

图 3-11 渗渠系统

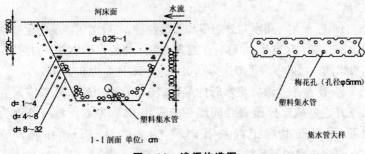

1-I剖面 单位: cm

集水管大样

图 3-12 渗渠构造图

1. **集水管渠** 常用钢筋混凝土管、混凝土管或块石砌筑。管径或渠宽按水力计算确定。能进人的一般叫"渠",其内径或短边不应小于 600mm,长度宜在 50m 以内。若总长度过长,应按水量改变管径,管径应不小于 200mm。

管渠充满度为 0.4～0.8;最小坡度不小于 0.5%;管内流速采用 0.5～0.8m/s。

设计最低动水位应保持集水渠内有 0.5m 水深;若含水层较厚且地下水量丰富,则设计动水位保持在集水管渠上 0.5m 为宜。

2. **进水孔** 进水孔有圆形与条形两种。圆形进水孔直径:铸铁管为 10～30mm,钢筋混凝土管为 20～30mm,呈梅花状布置,孔距为孔径的 2～2.5 倍,条形进水孔宽为 20mm,长为宽度的 3～5 倍,进水孔沿管渠上部 1/3～2/3 圆周布置,其面积应为开孔部分面积的 5%～10%。进水孔允许流速一般为 0.01m/s。

3. **人工反滤层** 为防止含水层中细小砂粒堵塞进水孔或使集水管内产生淤积,在集水管外设置人工反滤层。

滤料的层数及厚度应根据含水层颗粒分析资料确定,一般为 3～4 层,总厚度为 0.8m 左右,每层厚 0.2～0.3m,上细下粗,上厚下薄。人工滤料粒径应比相邻含水层计算粒径大 7～8 倍;两层相邻滤料粒径可大 2～4 倍;最下一层滤料的粒径应略大于进水孔孔径。

4. **集水井** 集水井分矩形和圆形两种,一般用钢筋混凝土或块石砌筑。集水井应分为两格,靠近进水管一格为沉砂室,另一格为泵站吸水间。沉砂室水平流速为 0.01m/s,沉砂速度为 0.005m/s。

5. **检查井** 渗渠集水管的端部、转弯处和变断面处都应设置检查井。直线部分检查井间距一般采用 50m 左右。检查井多为圆形,用钢筋混凝土或块石砌筑,直径为 1～2m,井底设有 0.5～1.0m 深的沉砂坑。

(二)渗渠位置的选择

①渗渠应选择在水力条件良好的河段,如靠近主流、水流较急、有一定冲刷力的凹岸。

②渗渠应设在含水层较厚并无不透水夹层的地带。

③渗渠应设在河床稳定、河水较清、水位变化较小的河段。

(三)渗渠的布置方式

图 3-13 至图 3-15 为各种形式的渗渠布置图。

表 3-16　渗渠的布置方式

布置方式	特点与适用条件	备 注
平行于河流布置	此种布置方式适用于含水层较厚、潜水充沛、河床较稳定、水质较好的情况。它可同时集取河床潜流水和岸边地下水,渗渠距河流水边线一般不宜小于 25mm	图 3-13
垂直于河流布置	设于河滩下垂直于河流的渗渠,适用于岸边地下水补给来源较差,而河下含水层较厚、透水性良好、且潜流水比较丰富的情况设于河床下垂于河流的渗渠,适用于河流水浅,冬季结冰取集地表水有困难,且河床含水层较薄、透水性较差的情况	图 3-14
垂直与平行组合布置	适用于地下水与潜流水都比较丰富、含水层较厚的情况。为防止两渗渠距离太近、互相影响出水量,两渗渠夹角宜大于 120°	图 3-15

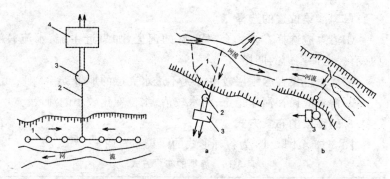

图 3-13 在河滩下平行于河流布置的渗渠　　**图 3-14 垂直于河流布置的渗渠**

1.渗渠　2.导水管　3.集水井　4.泵房　　　　a河滩下的渗渠　b河床下的渗渠

　　　　　　　　　　　　　　　　　　　　　　1.渗渠　2.集水井　3.泵房

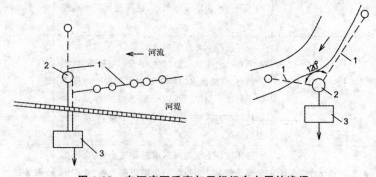

图 3-15　在河床下垂直与平行组合布置的渗渠

1.渗渠　2.集水井　3.泵房

(四)渗渠设计注意事项

①渗渠出水正常与否和使用年限长短,主要与位置选择、埋没深度、人工滤层颗粒级配及施工质量有关,因此设计时应详细调查,搜集水文地质、水文资料;施工时应严格按设计的人工滤料级配分层铺设;回填渗渠管沟时,应使用挖出的原土。用土围堰施工的渗渠,完工后应将围堰土拆除干净,以免影响河床水流。

②设计时应考虑备用渗渠或地面水进水口,以保证事故或检

修时,供水不致中断。

③提升渗渠出水的水泵抽升能力,应充分考虑丰、枯水期水量的变化情况。

④避免将渗渠埋设在排洪沟附近,以防渗渠被堵塞或冲刷。

⑤为了增加产水量,有条件时,可在渗渠下游适当位置修建地下潜水坝等。

(五)渗渠实例

图 3-16 为某村应用渗渠水的示意图。该村地处河谷两侧均为岩石,最窄处仅次于 30m 左右,地下水丰富,静水位在地面以下 1.5m 左右,4m 以下就是黏土层,含水层比较浅,所以在河滩下建造了垂直的廊道式渗渠。为保证和提高产水量,在下游河谷最窄处用大石块砌筑了地下坝截取潜流水。渗渠的集水廊道亦用块石砌筑了地下坝截取潜流水。渗渠的集水廊道亦用块石堆筑,外部填人工滤料层。廊道底宽度 800mm,高度 1 000mm,该渗渠产水量为 10～30m³/h,除供给人、畜饮用外,还可用于农田灌溉。

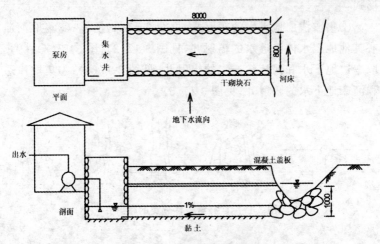

图 3-16 某村渗渠取水示意

五、辐 射 井

辐射井由大口井和沿径向设置的一层或多层辐射管组成,是一种集取浅层地下水和河床渗透水的地下水取水构筑物,常用于中、粗砂和砾石、卵石地层。若地层中含有较多的漂石或细、粉砂地层时,施工时应采取必要措施,因为漂石妨碍辐射管顶进,而细、粉砂易堵塞辐射管孔眼。

(一)辐射井位置选择

辐射井位置的选择与其功能有关。当设在岸边集取河床渗透水时,应选在河床稳定、水质较清、流速较急、有一定冲刷的直线段和含水层较厚、渗透系数较大的地段。当辐射井设在远离河流或湖泊,集取浅层地下水时,应选在地下水位较浅、渗透系数较大、地下水补给充沛的地区。

(二)辐射井的形式

辐射井的形式较多,按补给条件及所处位置可分为以下几种形式:

①集取浅层地下水的辐射井,见图 3-17(1)所示;②集取河流或其他地表水体渗透水的辐射井,见图 3-17(2)、图 3-17(3);③集取岸边地下水和河流渗透水的辐射井,见图 3-17(4);④集取岸边和河床地下水的辐射井,见图 3-17(5)。

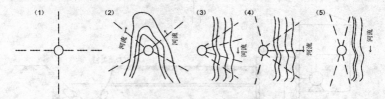

图 3-17 按补给条件分类的辐射井

按辐射管铺设方式,辐射井又可分为单层辐射管井与多层辐射管井,见图 3-18(a)、图 3-18(b)。

多层辐射管的辐射井,当含水层较厚或存在两个以上含水层,且各含水层水头相差不大时采用,见图 3-18(b)。

按集水井底部进水与否,还可分为底部进水的辐射井与底部不进水的辐射井,国内所建辐射井一般不封底,而且按大口井井底反滤层铺底,以增加集取水量。

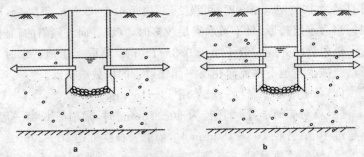

图 3-18 按辐射管层数分类的辐射井
a. 单层辐射井   b. 多层辐射井

(三)辐射井出水量的计算

辐射井出水量计算十分复杂,因为其影响因素除了水文地质条件(如含水层的渗透性、埋藏深度、厚度、补给条件等)以外,尚有其本身复杂的工艺因素(如辐射管管径、长度、根数、布置方式、构造等)。现有的计算公式均有较大的局限性,其计算结果与实际情况出入较大。如需进行估算,可查阅《给水排水设计手册》中有关公式,但在实际工作中,尚需根据当地已建的辐射井资料进行修正。

(四)辐射井的设计

1. 集水井 集水井设计可参照大口井,区别在于浇(砌)筑集水井时,须在井壁上预埋辐射管的穿墙套管。套管直径应比辐射管直径大 50~100mm。预埋套管的数量应多于辐射管,以便顶进辐射管遇障碍后废弃,另在保留新孔敷管。

2. **辐 射 管**

(1)辐射管的配置　当含水层较薄或集取河床渗透水时,宜单层对称布置辐射管,一般多采用 4～8 根。当含水层较厚、地下水丰富、渗透系数较大时,可设置多层辐射管。辐射管直径为 50～70mm,可设 4～6 层,层距 0.5～1.2m,每层为 6～8 根;辐射管直径为 100～150mm 时,可设 2 层,层距 1.5～3.0m,每层 3～6 根。当含水层较厚,且不透水夹层较多时,宜设置向外倾斜的辐射管。辐射管距井底一般不小于 0.8～1.0m。集取无压地下水时,可适当减少与地下水流向相反一侧辐射管的根数或长度。

(2)辐射管的直径　一般采用 50～150mm。

(3)辐射管的长度　管径为 50～75mm 时,辐射管长度一般不超过 10m;管径 100～150mm 时,辐射管长度可达 10～20m。

(4)辐射管的材料　当管径 50～75mm 时,采用加厚的焊接钢管;当管径 100～150mm 时,可采用壁厚 6～7mm 的钢管;当采用套管施工时,亦可采用铸铁管、薄壁钢管、塑料管、石棉水泥管、砾石混凝土管等。

(5)辐射管进水孔　一般有圆形和条形两种。孔径尺寸应按含水层的颗粒组成确定。采用圆孔时,孔径为 6～12mm;采用条形孔时,孔宽 2～9mm,孔长为 40～80mm。孔眼最好错开排列,孔隙率一般为 15%～20%。表 3-17 介绍了部分辐射管的进水孔尺寸及适用范围。

表 3-17　D＝50mm、75mm 辐射管进水孔尺寸

辐射管管径(mm)	井水孔直径(mm)	每周小孔个数(个)	小孔间距(中至中)(mm)	每米孔数(个)	孔隙率(%)	适用地层
50	6	16	12	1 328	20	中砂、粗砂
	10	10	26.2	370	15	粗砂夹砾石
	12	8	33.7	232	14	粗砂夹砾石
	12	6	40.0	150	9	粗砂夹砾石
75	6	21	12.0	1 750	20	中砂、粗砂
	10	14	28.0	490	10	粗砂夹砾石
	12	10	30.0	350	13	粗砂夹砾石
	13	10	24.1	410	21	粗砂夹砾石

六、引泉设施

泉水通常来自砂石、砾石含水层，或来自岩石裂隙。泉水可以通过不同形状的裂口流出，分为渗出泉、裂隙泉和管状泉。

(一)引泉池构造

引泉池一般分为两种，一种是集水井与引泉池分建，靠集水井集取泉水，引泉池仅起贮存泉水的作用，见图 3-19a；另外一种是不建集水井，靠引泉池一侧池壁集取泉水，见图 3-19b。

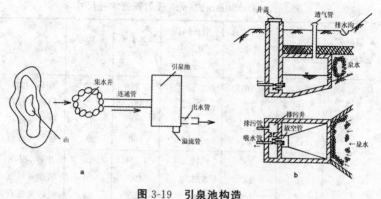

图 3-19　引泉池构造

a 引泉池构造之一　　b 引泉池构造之二

(二)引泉池设计

1. **保证水质的稳定**　设计前应对泉水出露处的地形、水文地质条件等进行实地勘察,并掌握实际资料,确定水源的补给条件及泉水类型,以便最大限度地截取泉水。为了增加出水量,也可采用爆破法,增加裂隙岩层缝隙的宽度或造成新的裂隙。

2. **保证水质卫生**　引泉池必须设顶盖封闭,并设通风管。通风管管口宜向下弯曲,管口处包扎细网。引泉池进口、入孔孔盖、门槛应高出地面 0.1~0.2m。池壁应密封不透水,壁外用黏土夯实封固,黏土层厚度为 0.3~0.5m。引泉池周围应作不透水屏,并要求以一定坡度坡向排水沟,以便排水。

3. **引泉池容积**　引泉池容积一般按最高日用水量的 25%~50% 设计。

引泉池池壁上部必须设置溢流管,管径不得小于出水管管径。池水出水管距池底 0.1~0.2m。必要时在池底设置排空管,以便清理排污。

七、截 潜

在一些山区,有埋藏较浅、水质较好的潜水,如修建渠、集水井,即可收集到这部分地下水。经消毒后,可利用地形高差,将水经管道输送至用户,这就是截潜水重力式给水系统。

其中渗渠与集水井的构造、设计可参阅前文。

另外有一些山区,存在沿地表面流淌的山溪水。这类地表水一般水质较好,但水量随季度变化较大,如能采取不定期措施,在适宜地点筑坝蓄水,配以简易净水构筑物,利用地形高差,通过管道可利用重力输送至各用户。但在筑坝前需认真做好水质分析、水文与工程地质调查工作,准确地计算可供水量,特别是干旱枯水季节的水量。

第三节 地表水取水构筑物

一、地表水取水构筑物分类

由于地表水水源的种类、性质和取水条件不同,取水构筑物的形式也多样,一般分为固定式、移动式、山区浅水河流式和湖泊水库取水构筑物等。

固定式取水构筑物形式见表 3-18 所示。

表 3-18   固定式取水构筑物的形式

名称	特点与适用条件	备注
岸边合建式取水	取水构筑物设于岸边,进水井和泵房合建。它适用于地基条件较好,河道水位较低的情况	
岸边分建式取水	当岸边的地质条件较差,进水井和泵房宜分建。此种构筑的结构简单,施工容易,但操作管理较不便,且因吸水管较长,运行的安全性不如合建式	
岸边潜水泵取水	这种取水方式结构简单,投资少,上马快。它适用于河流的水位变化较大,水中漂浮物较少的情况。潜水泵可安装在岸边的进水井中或直接安装在斜坡上	
河床自流管取水	进水口设于河心,经自流管流入岸边集水井。它适用于河床较稳定,河岸平坦,主流距河岸较远,河岸水深较浅,水中漂浮物较少和岸边水质较差的情况	
河床虹吸管取水	进水口设于河心,经虹吸管流入岸边集水进口井。它适用于河漫滩较宽,河岸为坚硬岩石、埋设自流管需开挖大量土石方而不经济或管道需要穿越防洪堤的情况	
水泵吸水管直接从河床吸水取水	进水口设于河心,由水泵吸水管直接取水。它利用水泵的吸水高度以减少泵站深度,又省去集水井,结构简单,施工方便,造价低,村镇供水广泛采用。它适用于水泵允许吸高较大,河流漂浮物较少,水位变化不大,取水量小的情况	
湿井式取水	这种取水方式适用于水位变化幅度大,水流速度较大的情况。泵房的地下部分为集水井,地上部分为操作室,一般采用防砂深井泵取水。当含砂量很小时,亦可采用潜水泵	

移动式取水构筑物形式如表 3-19 所示。

表 3-19 移动式取水构筑物的形式

名　称	特点与适用条件	备注
浮船式取水	取水泵安装在浮船上,由吸水管直接从河床中取水,经联络管将水输入岸边输水斜管。它适用于河流水位变化幅度大,枯水期水深在1m以上,水流平衡,风浪小,停泊条件较好,且冬季无冰凌,漂浮物少的情况	
潜水泵直接取水	这种取水方式非常简单,水下工程量少,施工方便,投资省。适用于取水量小,河水中漂浮物和含砂量小的情况	

山区浅水河流取水构筑物形式见表 3-20 所示。

表 3-20 山区浅水河流取水构筑物的形式

名　称	特点与适用条件	备注
固定式低坝取水	当河流的取水深度不够,或取水量占枯水期河水量的30%～50%,且沿河床表面随河水流动而移动的泥砂杂质(即推移质)不多时,可在河上修筑低坝以抬高水位或拦截足够的水量。它适用于枯水期河水流量特别小、水浅、不通航、不放筏、且推移质不多的小型山溪河流	
活动式低坝取水(橡皮坝)	特点与适用条件,固定式低坝。它采用充气或充水的袋形橡皮坝,充气(水)时形成一个坝体挡水,排气(水)时坝袋塌落便能泄水,因而避免了固定低坝经常发生坝前泥砂淤积的情况。施工快、造价低、运行管理方便,但坝袋易磨损、易老化、寿命较短	
底栏栅式取水	通过坝顶带有栏栅的引水廊道取水,它适用于河床较窄、水深较浅、河底纵坡较大、大颗粒推移质特别多、取水量比例较大的山溪河流	
方塘	取用浅层地下水	

湖泊、水库取水构筑物形式如表 3-21 所示。

表 3-21　　湖泊、水库取水构筑物形式

名　称	特点与适用条件	备　注
与坝身合建的取水塔取水	适用于水位变化幅度和取水量较大的深水湖和水库取水	
与泄水口合建的取水塔取水	适用于水位变化幅度和取水量较大的深水湖泊和水库取水	
潜水泵直接取水	适用于水中漂浮物少,取水量小的情况	
岸边式自流管取水	适用于水位变化幅度较小的浅水湖泊和水库取水	
岸边式虹吸管取水	适用于水位变化幅度较小的浅水湖泊和水库取水	

二、地表水取水构筑物位置选择

选择取水构筑物位置应满足下列要求。

(一)具有稳定的河岸和河床,靠近主流且有足够的水深

①在弯曲的河段上,取水口位置应选在凹岸。凹岸由于横向环流作用,岸陡,水深,泥砂少且不易淤积,主流近岸,水质较好,是设置取水口的理想位置;但冲刷较剧烈,应有护岸设施。

②在顺直河段上,取水口宜设在河床稳定、深槽主流近岸、水深、流速大、河道最窄的地点。

③在有沙洲、边滩的河段上,选择取水口位置时,应调查分析沙洲、边滩形成的原因,移动的趋势和速度。取水口不宜设在可移动的边滩、沙洲的下游附近。

④在有支流入口的河段上,取水口位置与支流入口应保持足够的距离,见图 3-20。

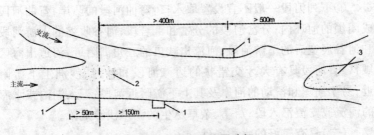

图 3-20 取水口位置选择

1.取水口 2.堆积锥 3.沙洲

⑤在有分岔的河段上,取水口应设在主流河道的深水地段,见图 3-21。

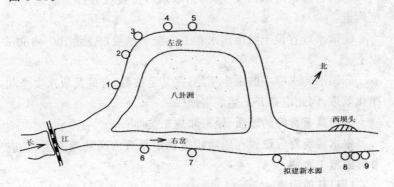

图 3-21 分岔河段取水口位置选择

1~10 取水口宜建位置

⑥在潮汐河道上,取水口应尽可能设在海水潮汐倒灌影响范围上游。

⑦水库取水口宜设在水库淤积范围以外,靠近大坝,远离支流汇入口的地段。

⑧湖泊取水口宜设在湖泊出口的地段,远离支流汇入口,并避开藻类集中的区域。

⑨下列河段一般不宜设置取水口:弯曲河段的凸岸;弯曲河段成闭锁的河环内;分岔河段的分岔和汇合段;河谷收缩的上游河段和河谷展宽后的下游河段;河流出峡口的三角洲附近;河道出海区域;顺直河段具有犬牙交错状的边滩河段和沙滩、沙洲上下游附近;易于崩塌和滑动的河岸及其上下游附近河段;汇入湖泊或水库的河流或支流汇入段;芦苇、杂草丛生的湖岸浅滩地段。

(二)具有较好的水质条件

①避开河流中的回流区和死水区,以减少水中浮物、杂草、泥砂进入取水口。

②避开河流中含砂量较高的地段。

③当含砂量沿水深度变化时,取水口应设在含砂量较低的深度附近。

④取水口宜设于城市污水和工业废水排放口上游100~150m以上。

⑤湖泊和水库中的水生生物,尤其是藻类,会危及取水安全和净化效果,因此应避开上述危害地段。

(三)具有良好的地质、地形和施工条件

取水构筑物应设置在地质构造稳定承载力高的地基上,并应考虑到施工方便。

(四)其他因素

①尽可能靠近用水区域,以节省输水工程投资和输水电费。

②河流上的人工构筑物和天然障碍对取水构筑物会产生不利影响,应予以注意。

③在寒冷地区的河流上设置取水口时,应避免冰凌的影响。

④应与河流的综合利用相适应,如航运、灌溉、排洪和发电等。

三、岸边式取水

凡河岸较陡、岸边水深足够、水位变幅不太大,且地质条件较好的地方,宜采用岸边式取水方式。这种方式只须在岸边建造水泵房,水泵的吸水管与取水头部相连接,伸入河中,即可取水。如吸水管过长,可将其敷设在桩架或支墩上,桩架可用木桩、混凝土桩建造,支墩可用砖、块石砌筑或用混凝土浇筑。

岸边式取水,可以利用水泵的吸水高度以减少水泵房深度,又可省去集水井,故结构简单,施工方便,可降低工程造价;但要求吸水管不漏气,且不易过长。在农村给水工程中,这种取水方式应用较为广泛。

另一种岸边式取水方式为潜水泵取水。在水位变化较大的河流上取水时,可将潜水泵沿岸的斜坡伸入水中,或建造桩架,将潜水泵出水管固定在桩架上,使潜水泵淹没在水中工作。这种取水方式具有结构简单、工程量少、节省投资等优点。

四、河床式取水

当河床较平坦,枯水期河水离岸较远,岸边水深不足或水质不好,而河心有足够的水深或水质较好时,适宜采用河床式取水。由进水管与岸边水泵相连接,可从江(河)心取水。这种取水方式,由于进水管较长,可埋入河床中或敷设在桩架、支墩上。

河床式取水,由于进水管伸入河床,检修及清理甚为不便。在洪水期时,河流底部泥砂较多,为保证水质,可在取水头部外堆筑砾石或卵石,或建造桩柜式取水头部。

五、浮船式取水

浮船式取水构筑物通常由浮船、联络管和输水斜管组成。

(一)浮船要求

①浮船一般用钢丝网水泥船、木船或钢板船。

②船内水泵、电机、进出管和配电设备的布置应紧凑,且便于操作。

③船体长宽比为 3∶1,吃水深度为 0.6～1.0m,船体深度为 1.2～1.5m,干舷 0.5～0.6m。

④浮船一般为平底。平面呈矩形,断面为矩形或倒梯形。

(二)适用条件

浮船取水适用于河流水位变化幅度较大,枯水期水深大于 1m,且水深平稳,风浪较小,停泊条件良好,河床较稳定,岸边有较适宜倾角的河段。当联络管采用阶梯式接头时,岸坡角度以 20°～30°为宜。无冰凌,漂浮物少,不受浮筏、船只和漂木撞击,也是需要考虑的条件。

(三)位置选择

浮船位置宜设在河面较宽阔,水流平稳,风浪小的地段。在水流湍急的河流上,浮船位置避开急流、大回流和大风浪区。在通航及放筏河流中,船位与航道或水流中心应保持一定的距离,并尽量避开河漫滩和浅滩地段。

(四)设备布置

水泵为浮船上的主要设备,布置时应紧凑,操作检修方便。还应特别注意船体的平衡与稳定,可将水泵机组安装在甲板上,这样可使船体结构简单,通风条件好。水泵机组也可安装在船底龙骨上。

(五)取水头部

浮船上的取水头部与水泵吸水管连接,取水头部下缘不低于船体底部。若船体吃水深度小,取水头部需低于底板时,应有一定的保护措施。为防止漂浮物流入,可取水头部喇叭口外制成笼式格栅罩或鱼鳞罩。

(六)联 络 管

浮船上的水泵出水管和岸上的输水管多采用两端带有法兰盘的橡胶管。其优点是较为灵活,结构简单,成本低,能适应船体各方向位移、摇摆和颠簸;其缺点是承受压力低,一般仅为 0.5MPa,

使用年限较短。如河流中水位变幅很大,则应在岸边设输水斜管,管上不同深度处装有带法兰盘的短管,随着水位的变化,将联络管与适宜的法兰短管相连,其余处则以盲板封死。

六、缆车式取水

(一)缆车式取水口位置的选择原则

除与固定式相同外,还应注意以下几点:

宜选在主流近岸、水流平衡、河床稳定的河段,避免设在水深不足、冲淤严重的地方;避免在回水区或岸坡凸出地段的附近布置缆车道,以防淤积;岸坡的坡度要适宜,缆车坡道面宜与原坡接近。

(二)设备选择

①泵车数量应根据供水量大小、供水保证率要求及调节水池容量等确定。一般小型供水系统可采用一部泵车,每部泵车上设不少于两台水泵。

②选用的水泵要求 Q-H 曲线较陡,水泵的吸水高度不宜小于 4m。

③电力设备:低压和高压开关宜安装在岸上。

④牵引设备:卷扬机可设于岸边最高水位以上的卷扬机房内。

⑤安全设备:卷扬机制动装置有电磁铁刹车与手刹车两种,后者较安全。

(三)泵车设计

1. **设备布置要点**　为减少震动,设备尽量对称布置,使机组与泵车重心在轴线上重合;泵车应考虑小修;当设备在 0.5t 以上时,设手动吊车,泵车接头处设手动葫芦;泵车净高,有起吊设备时可采用 4~4.5m,无起吊设备时采用 2.5~3.0m。

2. **设备平面布置**　泵车设备平面布置可根据水泵类型、泵轴旋转方向及泵车构造布置成各种形式。

3. **首车及尾车**　当采用曲臂式活动接头时需设置首车。首车上安装弯曲轨道,以支撑曲臂管,并使首车能沿弯曲管道滑动。

当坡道平缓时,为满足一定的吸水深度,水泵吸水管可设在泵车后部的尾车上。一般有悬臂平设及沿坡道斜设两种方式。其中,沿坡道斜设。为了安全,尾车长度不宜超过 15m。

4. **管路布置** 斜桥式泵车吸水管,一般布置在泵车的两侧。斜坡式泵车吸水管,一般布置在泵车后侧。

出水管管径小于 300mm 时,可采用架空管出水。

为便于在泵车内布置通道,出水管可从底板下伸出。

排气阀、止回阀等可设在转换井内。水泵总出水管上设泄水阀。

水位变幅大时,斜管上每隔 15~20m 高程差应设一个止回阀。

(四)坡道设计

1. **坡道主要设计参数** 坡道倾角一般为 10°~28°;当吸水管直径在 300~500mm 时,轨距一般为 2.8~4.0m;当直径小于 300mm 时,轨距一般为 1.5~2.5m;坡道面宽应根据泵车宽度及坡道设施布置确定。

2. **坡道形式** 坡道一般分为斜坡、斜桥两种形式,见表 3-22。当岸坡不规则时,亦可采用斜坡与斜桥相结合的形式。

表 3-22　坡道形式

形 式	适用条件	优缺点
斜坡式	①河岸地质良好,稳固,且倾角适宜处,位于凹岸时,需结合防冲作护岸 ②坡度应接近原河岸倾角,坡道应高于河岸 0.5 米,以免淤积	优点: 　①充分利用地形,施工工程量较小,水下工程量少;②联络管接头拆装较斜桥式方便 缺点: 　①受地形、地质条件限制大;②轨道上易积泥;③倾角小时,吸水管较长,需设尾车

续表 3-22

形　式	适用条件	优缺点
斜桥式	河岸倾角较陡或地质条件较差处,斜桥由钢筋混凝土框架组成	优点: ①坡度的确定,不受地形条件限制;②吸水管可直接装在泵车两侧取水 缺点: ①结构复杂,施工工程量较大,造价高;②联络管接头拆装不便

设计坡道时,应尽量减少水下工程量,以节约投资,缩短工期。

为减少水下部分坡道长度,可将泵车吸水管用悬臂桁架尾车支托或在坡道下端采用悬臂钢筋混凝土梁等形式。

3. **坡道纵断面**　缆车道上下端控制标高可按式(3-11)计算。

$$H_上 \geqslant H_{max} + h_B + H + 1.5m \qquad (3-11)$$

式中:$H_上$ 为缆车道上端标高(m);

H_{max} 为最高水位标高(农村供水工程,一般按 50 年一遇频率确定)(m);

h_B 为浪高(m);

H 为吸水喇叭口至泵车操作层的高度(m);

1.5m 为保证吸水的安全高度,小型缆车此值可适当减少。

4. **坡道设施**　坡道设施应有轨道、输水斜管、电缆沟、滚筒、挂钩座、检修平台、接管平台。

5. **输水斜管及叉管**

(1)输水斜管　每部泵车设一根输水斜管,管材一般采用铸铁管。布置时应便于移车和拆换活动接头。

(2)叉管

①高差:在水位涨落速度大的河流上,叉管高差一般不小于2m;涨落速度较小时,宜采用0.6～2.0m。

②位置:宜在每年持续时间最长的低水位上布置一个。然后根据河流不同时期水位涨落的时速,采用不同距离,向上,向下布置。

③叉管形式与连接方式:叉管形式有正三通和斜三通两种。叉管与水泵出水管连接。叉管直径一般不大于600mm。

七、低坝式取水

低坝式取水构筑物由拦河低坝、冲砂闸、进水闸和取水泵房组成。低坝式取水的一般要求如下。

①坝高按设计取水深度要求确定。

②取水口附近应设置冲砂孔或冲砂闸,以防泥淤积。当水质常年清澈时,也可不设冲砂闸。

③根据河床的地质情况,确定在低坝和冲砂闸下游是否设置消力墩、护坦或海漫等消能措施。

④低坝取水可采用进水闸或岸边取水构筑物。在寒冷地区应考虑防止冰块、冰凌和漂浮物进入取水口的措施。

⑤低坝取水构筑物的流量计算,见表3-23。

表 3-23 低坝取水构筑物流量计算

项 目	计算公式	说 明
进水闸流量	$Q = mb\varepsilon\sqrt{2g}\,H_0^{3/2}$ (3-12) $H_0 = H + \dfrac{v_0^2}{2g}$ (3-13) $\varepsilon = 1 - 0.2\left[\zeta_k + (n-1)\zeta_0\right]\dfrac{H_0}{b}$ (3-14)	Q—进水闸流量（m^3/s） m—流量系数（$m=0.35$） b—进水闸宽度（m） H_0—堰(闸)前水深（m） H—堰上水深（m） v_0—堰(闸)前流速（m/s） ε—侧面收缩系数 n—进水闸孔数（个） ζ_k、ζ_0—系数，对于圆形闸墩，$\zeta_k=0.7$，$\zeta_0=0.45$
冲砂闸流量	同式(3-13)	说明同上
导流堤流能力（流量）	$Q = mB\phi\sqrt{2g}\,H_0^{3/2}$ (3-15) $H_0 = H + \dfrac{v_0^2}{2g}$ (3-16)	Q—导流堤泄流流量（m^3/s） B—导流堤溢流前沿宽度（m） ϕ—侧堰系数，$\phi=0.94$ H_0—堰前水深（m） H—堰顶水深（m） v_0—侧堰行进流速（m/s）

八、底栏栅式取水

底栏栅式取水构筑的由拦河低坝、底栏栅、引水廊道、沉砂池和取水泵房等部分组成,见表3-24。

表 3-24　底栏栅式取水构筑物的设计与计算

名称	作用与要求	计算公式	说明
拦河低坝	作用:拦截水流,抬高水位 要求: ①坝身与水流方向垂直布置 ②坝身用混凝土或块石砌筑 ③坝顶高出河床 0.5~1.0m ④低坝溢流段顶面高出栏栅段顶面 0.3~0.5m ⑤常水位时的全部流量从底栏栅通过 ⑥坝下游做成陡坡和护坦		
底栏栅进水量	拦截水中大颗粒的推移质和漂浮物,使其免于进入栏栅下面的引水廊道	$Q = 4.43\alpha\mu PbL\sqrt{h}$ (3-17) $P = \dfrac{S}{S+t}$ $h = \dfrac{0.8(h_1 + h_2)}{2}$ $h_1 = 0.47\sqrt[3]{q_1{}^2}$ $h_1 = 0.47\sqrt[3]{q_2{}^2}$ 当全部河流水量通过拦栅进入廊道时,q_1、q_2 按下式计算。 $q = 2.66\alpha\,(\mu pb)^{3/2}$	Q—栏栅进水量,即为设计取水量 (m^3/s) α—堵塞系数(0.35~1.0) P—栏栅孔隙系数 S—栅条净距(mm) t—栅条宽(mm) b—栏栅水平投影宽,b=0.6~2.0m L—栏栅长(一般等于引水廊道长)(m) h—栏栅上平均水深(m) h_1—栏栅前临界水深(m) h_2—栏栅后临界水深(m) q_1、q_2—栏栅上游和下游单位长度的过流量,$[m^3/(s \cdot m)]$
栅条	①栅条断面有圆形、矩形、梯形和菱形 ②栅条宽 8~30mm ③栅条净距 8~10mm		

续表 3-24

名称	作用与要求	计算公式	说明
引水廊道	①一般采用矩形断面 ②廊道内为无压流,水面超高 0.2~0.3m ③粗糙系数: 混凝土 n=0.025~0.0275 浆砌块石 n=0.035~0.040 ④廊道内流速: 始端不小于 1.2m/s 末端不小于 2~3m/s ⑤廊道底坡为 0.1~0.3	$H = \dfrac{Q}{Bv}$ (3-18) $i = \dfrac{v^2}{C^2 R}$ (3-19)	H—计算断面的水深(m) i—水面坡降 Q—计算断面处流量(m³/s) B—廊道宽度(m) v—廊道内流速(m³/s) R—水力半径(m)
沉砂池	①当河水含砂量较大,且颗粒粒径在 0.25mm 以上时,一般应设沉砂池 ②沉砂池多为矩形,可设一格或多格,每格长 15~20m、宽 1.5~2.5m,始端深 2.0~2.5m,坡度 0.1~0.2 ③排砂流速小于 2.0~2.5m/s	$H_P = H - h_2$ (3-20) $B = \dfrac{Q}{H_P v}$ (3-21) $L = KH_P \dfrac{v}{u}$ (3-22)	H_P—沉砂池工作深(m) H—沉砂池平均深(m) h_2—清砂时池内平均积泥厚(m),$h_2 = 0.25H$ B—每格宽(m) Q—设计流量(m³/s) v—平均流速(m/s) (0.20~0.55m³/s) K—安全系数,K=1.1~1.2 u—泥砂沉降速度

此外,还可利用水库的发电输水管道作为取水的自流管,依靠地形差,自行流入净水厂;也有利用水库的原灌渠作为取水口。总之,取水构筑物的类型,应根据当地环境、水文条件、水源水质等诸多因素慎重选择。

九、取水头部

(一)取水头部的形式与构造

取水头部的形式与构造列于表 3-25。

表 3-25 取水头部的形式与构造

名 称	构造特点与适用条件	备 注
喇叭管取水头部	它是一个设有格栅的金属喇叭管,用桩架或支墩固定在河床上。构造简单、施工方便,适用中小取水量,且无木排和流冰的情况 其布置形式有顺水流式、水平式、垂直向上式和垂直向下式等。 其中顺水流式适用于泥砂和漂浮物较多的河流;水平式适用于纵坡较小的河段;垂直向上式适用于河床较窄、河水较深、无冰凌、漂浮物较少的河流;垂直向下式适用于水泵直接吸水的情况	图 3-22
箱式取水头部	它由周边开设进水孔的钢筋混凝土箱和设于箱内的喇叭管组成。进水面积较大,能够减少冰凌和泥砂进入量。适用于冬季冰凌较多或含砂量不大、水深较浅的河流	

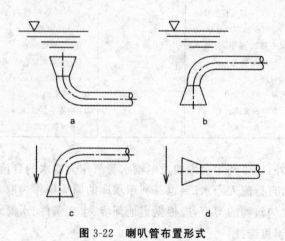

图 3-22 喇叭管布置形式

a垂直向上式 b垂直向下式 c顺水流式 d水平式

(二)取水头部的设计与计算

1. **基本要求** 应尽量减少吸入泥砂和漂浮物;防止头部周围的河床冲刷;避免与船只和木排碰撞;防止冰凌堵塞和冲击;便于

施工和清洗检修。

2. **位置和朝向选择** 取水头部的位置应选择在稳定河床深槽主流且有足够水深之处。进水孔一般布置在头部的侧面和下游面,当漂浮物较少且无冰凌时,亦可布置在顶面。进水孔下缘至河床的距离:侧面进水孔不小于 0.5m;顶部进水孔应高出河床 1m 以上;从湖泊水库取水时,低层进水孔不得小于 1m,当水深较浅、水质较清且取水量不大时,可减至 0.5m。进水孔上缘在设计最低水位下的淹没深度:顶部进水时不小于 0.5m。侧面进水时不小于 0.3m;虹吸管或吸水管直接吸水时,宜不小于 1m。进水孔的流速:河床式取水构筑物进水孔流速,有冰凌时为 0.1~0.3m/s;无冰凌时为 0.2~0.6m/s。岸边式取水构筑物,有冰凌时为0.2~0.6m/s;无冰凌时为 0.4~1.0m/s。

进水孔或格栅面积按式(3-23)计算。

$$F_0 = \frac{v}{K_1 K_2 v_0} \qquad (3\text{-}23)$$

式中:F_0—进水孔或格栅面积(m^2)

v—进水孔设计流量(m^3/s)

v_0—进水孔设计过栅流速(按上述要求取值)(m/s)

K_1—格栅条引起的面积减少系数,$K_1 = \frac{b}{bS}$;

b—栅条净距,常用 30~50mm;

S—栅条宽度或直径,一般为 10mm;

K_2—格栅堵塞系数,一般 $K_2=0.75$。

水流通过格栅水头损失,一般取 0.05~0.10m。

(三)进水管的设计要求

1. **自流管** 管内流速一般不宜小于 0.6m/s;管数一般不应少于 2 根;埋设深度:不易受冲刷的河床,管顶最小埋深应在河床底下 0.5m;有冲刷可能的河床,管顶最小埋深应在冲刷深度以下 0.25～0.30m；直接敷设于河床时，应采取加固措施，如在周围抛放块石或用支墩固定。

2. 虹吸管　虹吸管的进水端在设计最低水位的淹没深度不得低于 1m，以防吸入空气。设计流速一般为 1.0～1.5m/s，最小流速不宜低于 0.6m/s。总虹吸高度应小于 4～6m。虹吸管末端伸入集水井最低动水位下 1m。虹吸管一般不少于 2 根，并应设有迅速形成真空的抽气系统。

（四）集水井

1. 集水井的组成与形状　集水井一般由进水室和吸水室两部分组成。其形式分为与泵房合建和分建两种。分建式集水井多为圆形或矩形。

2. 进水室　一般要求进水室分为两格（取水量小亦可用一格），每格设置一个进水口，当水位变化幅度很大时，进水口可考虑分层布置。进水口的尺寸应与标准闸板和格栅尺寸一致在进水口前面设置格栅和闸板门槽。

十、方塘取水

工程取用浅层地下水的主要措施是修建方塘，一般选择汇流面积较大、山下比较开阔的地带，含水层（砂层或破碎石）比较厚的地方修建，结构见图 3-23。

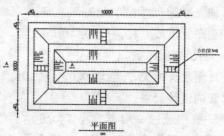

平面图

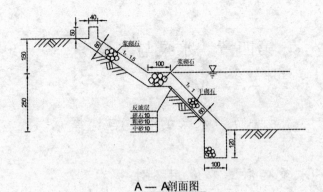

A—A剖面图

图 3-23　方塘结构图　(单位:cm)

第四章　水泵与水泵房

第一节　水泵的分类与选择

一、水泵的种类和适用条件

从水源取水和输送清水,都要靠水泵完成。水泵需由电动机带动才能工作。如果选用的水泵输水量或扬程超过了实际要求,不仅浪费了购置水泵和配用电机的投资,生产中还会常年不断地耗用过多的电力而使制水成本增高,所以正确选择水泵对于降低制水成本具有非常重要的意义。

水泵有很多种类型,选择水泵是要根据水源种类、取水深度、扬水高度、用户对水压的要求等具体条件确定水泵的型号和性能。目前工程建设中常用的水泵主要是离心泵和潜水电泵两类。如地下水位离地面不超过 5～6m,通常可使用离心泵;如地下水超过了离心泵的允许吸水扬程,但距离地面又不太深时,则选用潜水电泵将比使用深井泵经济。表 4-1 为工程常用水泵种类及适用范围,可供选择水泵时参考。

表 4-1　工程常用水泵种类及适用范围

泵　类	系　列	结构形式	流量范围(m³/h)	扬程范围(m)
离心泵	IS	单级,单吸,悬臂式	3.5～380	3.3～140
	S	单级,双吸,中开式	90～6 696	10～140
	DL	单吸,多级,分段式	10.8～380	14～351
普通深井泵 (长轴深井泵)	JD	单吸,多级,分段式	10～1 450	24～220
	J	单吸,多级,分段式	10～1 200	16～228

续表 4-1

泵　类	系列	结构形式	流量范围(m³/h)	扬程范围(m)
深井潜水泵	JQ	单吸,多级,分段式	20～275	14～220
潜水电泵	BITZ	单级,多吸潜水电机或两端吸水,叶轮对称布置	10～260	12～489

二、水泵的工作原理和分类

　　水泵是输送液体或使液体增压的机械。它将原动机的机械能或其他外部能量传送给液体,使液体能量增加,主要用来输送的液体包括水、油、酸碱液、乳化液、悬乳液和液态金属等,也可输送液体、气体混合物以及含悬浮固体物的液体。根据不同的工作原理可分为容积水泵、叶片泵等类型。容积泵是利用其工作室容积的变化来传递能量;叶片泵是利用回转叶片与水的相互作用来传递能量,有离心泵、轴流泵和混流泵等类型。输水管道灌溉系统中的水泵,主要采用叶片泵中的离心泵和井泵,而轴流泵、混流泵等在管道输水灌溉系统中比较少用,在此不做介绍。

　　离心泵有几种分类法。按泵轴方向可分为卧式泵(泵轴水平设置,如 IS 型、S 型和 DA 型)和立式泵(泵轴垂直于地面,如 JD型、J 型和 JQ 型);按叶轮数目可分为单级泵(只有一个叶轮,如 IS 型和 S 型)和多级泵(具有两个以上叶轮,如 DA 型、JD 型、J 型和 JQ 型);按吸水方式可分为单面吸水泵(由叶轮一侧进水,如 IS 型和 DA 型)和双面吸水泵(由叶轮两侧进水,如 S 型);按被抽取水的性质可分为清水泵、污水泵、耐腐蚀泵等,上述 IS 等各种型号的水泵均属于清水泵。

　　井泵通常用于从井中、水池、水库或河流中取水,具有体积小,重量轻,安装简单,移动、操作和维护方便,不需地面设施等优点。这种水泵也有多种型号,构造基本相同。主要有长轴深井泵和深井潜水电泵。

三、水泵的主要零件和附件

水泵是由许多零件组成的,主要零部件有以下几种。

(一)叶 轮

叶轮是水泵的主要部件,用铸铁制成。叶轮叶片起主要作用,它的形状和尺寸与水泵性能有密切关系。叶轮一般可分为单吸式和双吸式两种,单吸式叶轮为单边吸水,小流量水泵多为此种型式。双吸式叶轮为两边吸水,大流量水泵均采用双吸式叶轮。

(二)泵 壳

泵壳是水泵的主体,起支承和固定水泵的作用,用铸铁制成。泵壳顶端开孔,可以灌水排气或接真空泵引水。泵壳将水从吸水口引入叶轮,然后将叶轮流出的水汇集起来引向出水口。

(三)泵 轴

泵轴用来固定叶轮和带动叶轮旋转。叶轮用键固定在泵轴上,泵轴一端用联轴器与电动机轴连接,泵轴支承在轴承上,常用材料为碳素钢。

(四)密 封 环

密封环又叫承磨环或减漏环,安装在泵壳内壁与叶轮吸入口的外圆之间的接缝处,保持一定的间隙(0.2~0.3mm),固定在泵壳上,作用是防止泵壳内高压水漏回到吸水口,同时也可保护叶轮和泵壳不受磨损。密封环为易损部件,应及时更换。材料为铜。

(五)填 料 函

填料函又叫盘根,安装在泵轴穿出泵壳的地方。填料起密封作用,防止水漏出泵外和空气进入泵内。填料一般为油绳和石棉绳,用压盖压紧,填料中间安装水封环,通过水封冷却管,将泵壳内的压力水均匀分布在填料上,起到冷却润滑填料和泵轴的作用。填料的松紧程度一般以间断滴水但不漏气为准。

水泵的主要附件有以下几种。

1. **滤网**　滤网的外形像莲蓬中的莲蓬头,用铁丝或铸铁制成,防止水中杂物吸入水泵。

2. **底阀**　底阀是单向阀,安装在水泵吸水管底部,平时靠本身重量关闭,使吸水管中的水不致漏掉,水泵启动后因吸水管内呈真空状态而自动开启。底阀用在人工灌水的离心泵上,真空吸水的泵不装底阀。

3. **吸水管和出水管**　水泵的吸水管和出水管(也叫压水管)分别与水泵的吸水口、出水口连接,但直径都大于吸水口、出水口的直径,目的是减少水头损失。

水泵吸水管和出水管的安装都有一定的要求,尤其是吸水管的要求很严,应坡向水泵,如布置或安装不合理,接头不严密而漏气,流量就会降低。安装出水管时同样要求管路尽可能缩短,配件、弯头尽量少用。泵站内都采用法兰连接。

4. **止回阀**　止回阀又叫逆止阀,安装在水泵的出水管上,作用是防止突然停电时管道中的高压水倒流而引起水泵快速倒转,造成水泵损坏。但突然停电时,有止回阀又会造成水锤,使管道爆裂,因此还必须安装水锤消除器。

5. **闸阀**　又叫闸门或阀门,水泵的吸水管和出水管上都要安装闸阀,用以控制和调节水量。

四、水泵的基本性能参数

水泵有几项重要参数,可供选择水泵时参考。

(一)流　量

流量即水泵单位时间的出水量,符号为 Q,用 m^3/h 或 L/s 表示。流量随扬程而变,扬程高时流量小,扬程低时流量大。

(二)扬　程

水泵轴线以下到水源水面的几何高度管为吸水高度($H_吸$),轴线以上到出水管口的几何高度管为压水高度($H_压$),两者之和

称为净扬程($H_净$),再加上水流经管道及配件时沿途的水头损失($h_阻$),即为总扬程(H),见图 4-1,故

$$H = H_吸 + H_压 + h_阻 \qquad (4-1)$$

水泵的扬程随着流量的变化而改变,流量大时扬程低,流量小时扬程高,如 IS65-50-160A 型离心泵就有 27m、24m、22m3 种扬程。

阻力扬程($h_阻$)由水流通过吸水管及出水管时产生的沿程阻力($h_沿$)和水流通过管路中各配件时产生的局部阻力($h_局$)两部分组成,但 $h_局$ 值一般较小,故 $h_阻 = h_沿 + h_局$。阻力扬程的大小与所用的管材、管径、管长、管配件型式及通过的水量等有关,农村水厂规模不大,泵站内管道系统的水头损失一般很小,根据经验估计一个水头损失值(一般为 2~3m),对于选择水泵的扬程不会有多大妨碍。但遇到以下两种情况时必须计算沿程阻力:①原水泵离水厂较远(即吸水管较长)或潜水泵离前置水塔的距离较长(即出水管较长),可按输配水管水力计算方法求得沿程阻力。当管径<250mm 时,吸水管中的流速可采用 1.0~1.2m/s;管径>250mm时,出水管中的流速可采用 1.5~2.0m/s。②使用深井泵时,因扬水管路水头损失较大,选择水泵的扬程时应留有充分余地,表 4-2中的数据可供参考。

表 4-2 JD 型深井泵扬水管水头损失

项　目	水泵型号			
	4JD	6JD	6JD	8JD
额定流量(m^3/s)	10	36	56	80
扬水管口径(mm)	76×5	114×5	114×5	159×6
每 100m 扬水管路水头损失(m)	6.9	8.6	13.4	5.2

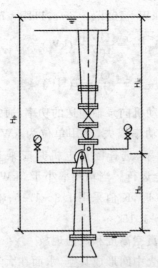

图 4-1　水泵扬程示意图

(三)转　速

转速是指水泵叶轮每分钟旋转的次数,小水泵的转速一般为
2 900r/min 或 1 450r/min。水泵通常用电机带动,电机的转速应
与水泵相同。水泵在额定转速下工作,流量、扬程才能得到保证。

(四)效　率

有效功率与轴功率之比称为水泵效率,用 η 表示,单位为%,
效率愈高,表示水泵本身损失的功率愈少。

有效功率是指水泵在单位时间内能把多少重量的水提升到多
少高度。

$$N_{效} = r \cdot Q \cdot H \tag{4-2}$$

式中:$N_{效}$ 为有效功率(kg・m/s);

　　　r 为液体的密度(kg/L),水的 r=1;

　　　Q 为水泵的流量(L/s);

　　　H 为水泵的扬程(m)。

因为　1kW＝102kg・m/s,1HP＝75kg・m/s,

所以　$N_{效}=\dfrac{r \cdot Q \cdot H}{102}$(kW)　　　　　(4-3)

$$N_{效}=\dfrac{r \cdot Q \cdot H}{75}(HP)　　　　　(4-4)$$

轴功率是指电动机向泵轴输送的功率,通常大于有效功率,用以克服水泵本身的功率损失,通用单位为 kW 或 HP。水泵铭牌上的功率即为轴功率,选择配用电机时应乘上一个备用系数 K 值,以保证水泵安全运行。当轴功率小于 5kW 时,K 值采用 1.5;轴功率为 5～10kW 时,K 值采用 1.3～1.15;轴功率为 10～50kW 时,K 值采用 1.25～1.15。

(五)允许吸上真空高度和汽蚀现象

水泵运转时泵壳中间形成真空,水面在大气压的作用下,经吸水管把水吸入水泵,一个标准大气压相当于 10.33m 水柱,实际上泵体和吸水管内不可能绝对真空,因此泵的真空高度总是低于 10.33m 水柱。水泵铭牌上的"允许吸上真空高度"是指水泵在一个标准大气压下,水温为 20℃时,水泵进水口处允许达到的最大真空值,单位为 m 水柱,它反映水泵的吸水性能。不同型号的水泵其允许吸上真空高度也不相同。

由于水泵安装地点的高度和水温不同,允许吸上真空高度也就不同,应根据实际情况对照标准状况进行修正。

允许吸上真空高度与汽蚀现象密切相关。从日常生活中可以看到,水和汽可以互相转化。在 101.325kPa 下,将水加热到 100℃就会沸腾;而在高原地区,由于海拔高,气压低,水温不到 100℃就开始沸腾,由水转化为汽。水泵抽水时,叶轮进口处形成真空,负压很大,吸水管内的水发生汽化而形成许多气泡,这些气泡随水流到高压区时,突然受压破裂,对水泵叶轮产生局部冲击,侵蚀叶轮,使叶轮和叶片出现蜂窝状麻点和孔洞,同时使水泵产生剧烈的震动和噪声,这种现象称为汽蚀。

发生汽蚀时,水泵的性能变坏,流量、扬程和效率急剧降低,严重时甚至抽不上水来。为防止汽蚀现象的产生,应对水泵叶轮进口处的真空高度加以限制,水泵铭牌上的允许吸上真空高度就是这种限制,实际上也就是对水泵的安装高度加以限制。水泵安装高度是指泵轴到最低吸水面的高差(吸水高度),它应小于水泵允许吸上真空高度减去吸水管路的沿程和局部损失后的高度,即

水泵安装高度＝实际水泵允许吸上真空高度—吸水管路的总水头损失

为减少水泵的安装高度,往往修建地下式或半地下式泵房,配水泵房应尽可能使泵轴低于清水池最低水位,造成水泵自灌条件,这样既解决了水泵启动的吸水问题,又可防止汽蚀现象发生。

普通深井泵、深井潜水泵的安装应按水泵制造厂规定,必须使叶轮处于最低水位以下。

JD 型深井泵的第一级叶轮浸入动水位以下不得少于 1m,而以 2～3m 为佳;J 型深井泵需有 2～3 个叶轮浸入动水位以下;JQ 型深井潜水泵进水口低于最低动水位 0.5m 以下. 潜水电泵则水泵应全部浸入水中。

在水泵运转过程中,水泵进口处的真空表读数就是该处的实际真空高度,它应小于允许吸上真空高度。真空表读数系水银柱高度(1 个标准大气压为 760mm 汞柱),该读数乘以水银相对密度13.6,即可换算成水柱高度。

五、水泵的选型

选择水泵首先要考虑水源的形式。对水位埋深较浅且变幅不大的水源,可选离心泵,流量较大的可选双吸离心泵,这类水泵效率高、造价低、维修方便、使用寿命长。对于水位埋深较大,不能选用离心泵的浅井水源,如果扬程不大,可选单级潜水电泵,流量较

小的可考虑选单相电机潜水泵。对于水位埋深较大、扬程较大的水源(如深井),可选用多级潜水电泵(如 QJ 系列泵)或长轴深井泵(如 JC 系列泵)。对于管井(浅机井、深井),选择的井泵适用的最小井径必须小于井管内径(约 50mm)。所选泵的流量不得大于井的最大涌水量。另外,水泵要能满足各轮灌组运行流量和扬程的要求;长期运行时的平均效率最高,机泵及附属设施投资最省;操作维修方便,运行管理费用最小。

由于管灌系统不同轮灌组运行时扬程变化较大,所选水泵既要满足扬程低的轮灌组运行,又要满足扬程高的轮灌组运行的需要。因此,选泵时先按设计流量和设计扬程初选水泵,然后再用最高扬程轮灌组、最低扬程轮灌组校核泵的工作点。

灌溉系统的设计扬程(H_p)一般是按最大扬程(H_{max})和最小扬程(H_{min})的平均值近似取用。即:

$$H_p = (H_{max} + H_{min})/2$$

最大扬程是按在设计流量下距水源较远、位置较高的出流点所需的扬程。最小扬程是在设计流量下距水源较近、位置较低出流点所需的扬程。

取水泵(也称一级泵)的扬程除按照水泵的总扬程考虑外,还应增加 1～2m 富裕水头,以备有时直接向某些构筑物提供这部分水头高度。图 4-2 为取水泵扬程计算示意图,图中:

$$H = H_1 + H_2 + h_1 + h_2 \tag{4-5}$$

式中:H 为取水泵的计算扬程(m);

H_1 为水泵的吸水几何高度(m);

H_2 为水泵的输水几何高度(m);

h_1 为吸水管路的沿程和局部水头损失(m);

h_2 为输水管路的沿程和局部水头损失(m)。

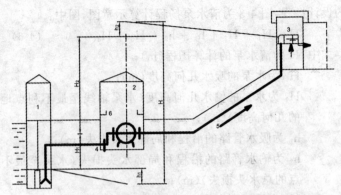

图 4-2　由取水泵向净化构筑物输水时水泵扬程计算示意图

1.进水间　2.泵房　3.净化构筑物
4.吸水管路　5.输水管路　6.水泵

　　清水泵(也称二级泵)扬程的计算比较复杂,因为管网具体情况不同,例如有的无水塔,有的有水塔和对置水塔等,设计时应按需要的最大扬程考虑。当管网中有水塔时,可根据水塔在管网中位置的不同,进行计算。当管网中无水塔时(即采用直接供水方式),清水泵的扬程除前述水泵的总扬程外,还应包括最不利点用户的水龙头离地面的最大高度和 2～4m 的富裕水头。

　　所谓最不利点就是在一个供水区域内,如果地形高低相差较大,则为任何情况下均能满足用户对水压的要求,输水几何高度应以水泵轴线到最高点的地面高程差为准,而出水管的总水头损失应该是离水泵最远的一个用户为最大。然而这两者往往并不一定在同一处出现,如果直接将这两个数值迭加,则势必造成水泵扬程过高,形成浪费。因此,每一个用水点都可以通过计算得出一个输水几何高度和输水管的总水头损失,同时每一个用水点对于压力要求又都有一个具体数值,这三者之和最大的一个用水点,就称为最不利点。因为该点的压力要求满足之后,其他用水点的压力自然也都可以满足。根据最不利点压力的要求,就可以计算出清水

泵的设计扬程,图 4-3 为清水泵扬程计算示意图,图中:

$$H = H_1 + H_2 + h_1 + h_2 + H_3 + H_4 \qquad (4\text{-}6)$$

式中:H 为清水泵的计算扬程(m);

H_1 为水泵的吸水几何高度(m);

H_2 为水泵的输水几何高度(水泵轴线至最不利点地面的几何高度)(m);

h_1 为吸水管路的沿程和局部水头损失(m);

h_2 为输水管路的沿程和局部水头损失(水泵至最不利点的总水头损失)(m);

H_3 为最不利点用户的水龙头离地面的最大高度(m);

H_4 为富裕水头,一般可采用 $2\sim4$m。

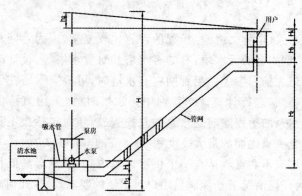

图 4-3 由清水泵向配水管网输水时水泵扬程计算示意图

六、水泵台数的确定

小型工程通常可根据设计流量和计算出的扬程选择两台同型号的水泵,其中一台工作,一台备用,以便工作泵发生故障或进行检修时投入运转。

规模较大而又采取直接供水方式的工程,应选择多台水泵,出水管均应并联在同一根输水管上,用水量少时开一台或两台水泵,用水量多时可同时开几台水泵输水。

当两台同型号水泵并联工作时,把同一扬程下(纵坐标)的流量(横坐标)加倍,再把各点连接起来,即成并联曲线,如图4-4所示。可以看出,两台水泵并联工作时,总流量为 $Q_{(1+2)} = 2Q_1'$,它大于一台水泵单独工作时的流量 Q_1,但小于两台水泵单独工作时的流量之和 $2Q_1$。由此可知,增加一台水泵出水量并非增加1倍,并联的水泵愈多,增加的流量愈少。但若能放大输水管的管径,使管路性能曲线变得平坦,则各泵的工作点仍可处于高效率区范围内。总之,为保证每一台水泵都能在高效率区工作,当输水管路管径较大,管内流速较低,总的供水扬程不同时,并联工作的水泵台数可多一些,否则就要少一些。

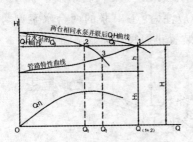

图4-4 两台同型号水泵并联工作

H—水泵总扬程 H—总几何高度差(m);

h—总水头损失(m)

1.两台水泵并联时的工作点;2.并联

工作时,每台水泵的工作点;

3.一台单独工作时的工作点

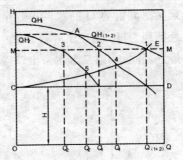

图4-5 两台同型号水泵并联工作

1.并联水泵的极限工作点,水泵

的合成输水量 2,3.并联时各台

水泵的工作点; 4,5.第一、二台

水泵单独工作时的工作点;

H—总几何高差(m)

　　三台(或更多)同型号水泵并联工作状况的确定方法与两台同型号水泵并联工作状况的确定方法相同。

　　绘制两台不同型号水泵的并联工作曲线时,仍然是在同一扬程下将流量相加,但自低扬程泵的空转水头(即流量为零时的扬程)开始,绘一根横坐标的平行线,该线与高扬程泵性能曲线的交点,才是并联特性曲线的起点,如图 4-5 中的 A 点。由此可知,只有当输水扬程低于扬程泵的空转水头时,两台水泵才能并联工作。若输水扬程高于低扬程泵的空转水头时,实际上只有一台高扬程泵在单独工作,低扬程泵不仅不出水,甚至还会有压力水倒流,因此并联的水泵其扬程应基本接近,并且水泵性能曲线应为连续下降型的,不能有驼峰。扬程相差过大的水泵,只能单独运行,不能并联工作。

为保证管道在正常压力下工作,有些工程可采用普通压力水泵中途串接、增压供水的办法,这就是水泵的串联工作,如图 4-6 所示。第一台水泵将流量为 Q 的水提升到 H_1 高程后,第二台水泵又把流量为 Q 的水再提升至 H_2 高程,于是两台水泵串联后的总扬程为 H_1+H_2。实际工作中应注意:①串联的两台水泵型号最好相同;②第二台水泵出口应装置止回阀和控制闸阀。

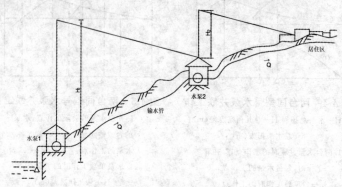

图 4-6　水泵串联工作图

七、水泵性能表

表 4-1 列出了工程常用的几种水泵,即 IS 型单级单吸悬臂式离心泵、S 型双吸式离心泵、DA 型单吸多级分段式离心泵、JD 型

深井泵、J型深井泵、JQ型深井潜水泵和潜水电泵。

八、动力设备

水泵必须靠动力带动,通常按照水泵性能配备合适的电机。配套电机过大,不但增加基建投资,而且要经常耗费过多的电力,造成不必要的浪费,并使制水成本增高;配套电机过小,水泵达不到应有的效率,甚至带不动水泵,影响水厂正常运转。

水泵所用电机由制造厂成套供应,一般不另选择。水泵配用的电机最常用者为三相鼠笼式异步电动机,这种电动机具有同效、节能、噪声低、振动小、工作可靠及使用维护方便等优点。

水厂应有可靠的外部电源。如外部电源缺乏保证,应考虑设置柴油机等备用动力设备。水厂动力设备的电压一般按380V考虑。一般情况下电动机起动电压降较大,宜就近自10kV或35kV高压线引出,在泵房附近自建变压站供电。

变配电设备应尽量靠近用电最大负荷处。

第二节 水泵房的建筑与布置

取水泵房是从水源取水,将水直接送上水塔或送入配水管网的泵房。这种泵房埋深较大。取水泵房送水量均衡,所以水泵的台数和型号较少。

按照水泵安装位置与地面相对标高的关系,泵房可设计成为地面式和半地下式(图4-7至图4-9)。

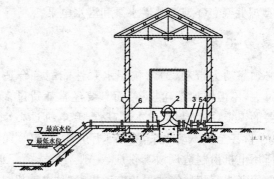

图 4-7　地面式取水泵房

1.偏心异径管　2.水泵　3.止回阀　4.闸阀

5.短接管　6.通道

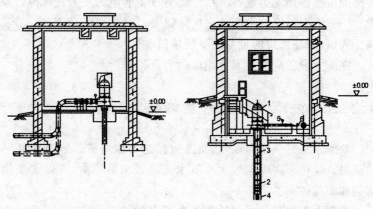

图 4-8　地面式深井泵房　　**图 4-9　半地下式深井泵房**

1.电动机　2.水泵　3.扬水管　4.滤水管

5.压力表　6.止回阀

一、水泵房建筑

　　水泵房一般由机器间、配电设备和辅助房间三部分组成,小型工程通常合并在一起。泵房的建筑面积应适当留有余地,以便日后扩大供水时布置新增机组或更换原有小机组。泵房应有一个可供最大设备出入的门，以便设备装拆检修。半地下式泵房的地下部分要求有防水、防渗措施。

泵房应有充足的自然采光。在操作及检修地点，均需设置照明灯具。泵房内要求通风良好，一般采用自然通风。在寒冷地区，泵房内应有采暖设备。泵房室内净高一般不少于3m。

泵房的平面布置应使设备运行安全可靠，操作、管理、检修、起重和运输方便，管路水力条件良好，外形美观大方。泵房平面宜采用矩形，水泵按单排布置，这种布置形式水力条件较好，起重设备简单。

半地下式泵房的机组间距可适当减小，为了确保安全生产，除电动机以外的其他电器设备，应尽量设在地面部分的操纵室内。

深井泵房宜单独建造。由于每口深井单设一台深井泵，深井泵房平面最好以井为中心，建成矩形。深井泵基础离墙不得小于1.2m，相对两墙间距不大于4m。大门宜开在正中，便于深井泵长部件出入。门外需留有4m宽以上的场地，便于堆放各种部件。深井泵房高度不宜超过3.2m，以节约造价。为便于检修，需在深井泵正上方的平顶上开设不小于$1.0m \times 1.0m$的检修孔，并设活动式的气楼顶盖。

泵房内应设排水沟、集水井，严禁将水泵的散水回流到井内或吸水池内。

二、安装水泵

①水泵应安装在不受水淹或有防淹措施的地方。

②水泵高出吸水面的距离应满足吸水高度的要求，不宜太高。除考虑吸水管路水头损失外，确定的位置应使吸水高度留有余地，防止水泵打空车。

③水泵应水平安放稳固，用联轴器与电动机直接连接时，应保

证泵轴与电动机轴在同一轴心上,防止转动时产生振动及轴承单面磨损。

④水泵基础的预留孔,一般应在水泵到货后经核对尺寸无误时再行浇捣。

⑤带动水泵的电动机,接线时应使其转动方向与水泵转向一致。

三、吸水管布置

①每台水泵宜设置单独的吸水管,以免互相干扰。吸水管流速近 0.8～1.2m/s 计算。

②吸水管应有向水泵不断上升的坡度(一般采用大于或等于 5‰),以免在吸水管路内积聚空气,形成空气囊,影响上水。

③吸水管在靠近水泵进口处要有一段直管,避免直接安装弯头,目的是使水泵进口处流速分布均匀。

④吸水管要有支承,避免把水管重量传给水泵。

⑤吸水管要短,并尽量少装配件、弯头,以免增加水头损失。

⑥当泵轴标高低于水池(或水源)的水位时,应在吸水管上安装闸阀,以便于检修。小型水泵的闸阀一般宜安装在泵房内。

四、出水管布置

为减少出水管的水头损失,应以最简捷的路线敷设出水管。出水总干管上应安装计量装置。出水管流速按 1.5～2.0m/s 计算。

出水管上应装设止回阀,以防止由于停电或其他原因引起水泵突然停止时,造成管网压力水倒灌入清水池,并使水泵倒转。但根据一般运行经验,当出水压力小于 0.2MPa 时,可不设止回阀。

在止回阀后面安装闸阀,可便于调整水泵的出口压力,使水泵保持在最佳效率点工作,同时还可隔断压力水,方便止回阀或水泵的检修。

出水管与出水总管的联络管和出水总管上均需装设闸阀,以保证水泵房在不中断供水的情况下检修出水管路。

五、泵房内管路敷设

泵房内管路敷设有明敷和暗敷两种方式。

当管路明敷在地面上时,应考虑操作人员的通行,必要时在适当位置设便于通行的通道。架空敷设的管路,不得阻碍通道,管底距泵房内地坪高度不应小于 1.8m,同时不得在电器设备上空穿越。

采用暗沟敷设时,应有盖板。管沟的深度和宽度应便于检修和安装。管沟底部需有 1% 的坡度,坡向集水坑或排水口。

六、水锤防护

由于突然开关阀门、停开水泵等原因,使水泵压水管中流速发生突然变化,就有可能引起压水管中压力突然变化而形成水锤现象。

水锤分关(开)阀水锤、启泵水锤和停泵水锤,水锤事故主要是停泵水锤。

水锤压力过高,会引起水泵、阀门和管道破坏;水锤压力过低,管道也会因失稳而破坏。水锤造成的事故一般是水量减少,影响正常供水甚至停水。

水锤防护应注意以下几点:

①适当延长关(开)阀时间;

②不可在水泵出口阀门全开进启泵;

③不可在出口阀门全关时停泵,以将阀门关至 15%～30% 时停泵联锁关阀为宜;

④切忌连续停泵、启泵;

⑤当泵房内水泵向高地输水时,应在出水总管上装设停泵水锤消除器。

第五章 水力计算

第一节 管网设计流量计算

管网设计流量是水力计算的依据,由灌溉设计流量决定。灌溉规模确定后,根据水源条件、作物灌溉制度和灌溉工作制度计算灌溉设计流量。然后以灌溉期间的最大流量作为管网设计流量,以最小水流量作为系统校核流量。

一、灌溉制度

灌溉制度是指作物播种前及全生育期内的灌水次数、每次的灌水日期、灌水定额及灌溉定额。

(一)设计灌水定额

灌水定额是指单位面积一次灌水的灌水量或水层深度。管网设计中,采用作物生育期内各次灌水量中最大的一次作为设计灌水定额,对于种植不同作物的灌区,通常采用设计时段内主要作物的最大灌水定额作为设计灌水定额。

$$m = 10h\beta(\beta_1 - \beta_2)\frac{\gamma_\pm}{\gamma_\pm} \qquad (5-1)$$

式中:m 为设计净灌水定额(mm);

h 为计划湿润层深度(cm),一般大田作物取 0.4～0.6 m,蔬菜取 0.2～0.3m,果树取 0.8～1.0m;

$\gamma_水$ 为水容重(t/m^3);

$\gamma_\pm$ 为计划湿润层土壤干容重(t/m^3);

β_1 为土壤适宜含水量(重量百分比)上限,取田间持水量的 85%～100%；

β_2 为土壤适宜含水量（重量百分比）下限，取田间持水量的 60%～65%；

β 为田间持水率（%）。

表 5-1　土壤计划湿润层深度和适宜含水率表

冬小麦			棉花			玉米		
生育阶段	土层深度(cm)	土壤适宜含水率(%)	生育阶段	土层深度(cm)	土壤适宜含水率(%)	生育阶段	土层深度(cm)	土壤适宜含水率(%)
出苗	30～40	45～60	幼苗	30～40	55～70	幼苗	40	55
三叶	30～40	45～60	现蕾	40～60	60～70	拔节	40	65～70
分蘖	40～50	45～60	开花	60～80	70～80	孕穗	50～60	70～80
拔节	50～60	45～60	吐絮	60～80	50～70	抽穗	50～80	70
抽穗	50～80	60～75				开花	60～80	
扬花	60～100	60～75				灌浆		
成熟	60～100	60～75				成熟		

注：土壤适宜含水率以田间持水率的%计

(二)设计灌水周期

根据灌水临界期内作物最大日需水量值按式(5-2)计算理论水周期，因为实际灌水中可能出现停水，故设计灌水周期应小于理论灌水周期。

$$T_{理} = m/E_d \qquad T < T_{理} \qquad (5\text{-}2)$$

式中：$T_{理}$ 为理论灌水周期(d)；

T 为设计灌水周期；

E_d 为控制区内作物最大日需水量(mm/d)；

m，同前。

控制区内种植不同作物时，过去多采用不同作物灌水周期中的最短周期作为设计灌水周期，这样容易造成管网系统流量过大。

因此,种植不同作物时,建议按式(5-3)计算理论灌水周期。

$$T_{理} = mA / \sum_{i=1}^{n}(E_{di}A_i) \qquad (5\text{-}3)$$

式中：E_{di} 为设计时段内不同作物的最大日需水量(mm/d)；

　　　A 为系统设计灌溉总面积(hm^2)；

　　　A_i 为设计时段内不同作物的灌溉面积(hm^2)；

　　　n 为作物种类数；

　　　其余符号同前。

二、灌溉设计流量

根据设计灌水定额、灌溉面积、灌水周期和每天的工作时间可计算灌溉设计流量。在井灌区,灌溉设计流量应小于单井的稳定出水量。当管灌系统内种植单一作物时,按式(5-4)计算灌溉设计流量。

$$Q_{设} = 0.667mA / (\eta Tt) \qquad (5\text{-}4)$$

式中：$Q_{设}$ 为管灌系统的灌溉设计流量(m^3/h)；

　　　η 为灌溉水利用系数,取 $0.80 \sim 0.90$；

　　　t 为每天灌水时间(h),取 $18 \sim 22h$(尽可能按实际灌水时间确定)；

　　　m、A 和 T 同前。

当控制区内种植多种作物时,首先按式(5-5)计算设计时段内整个系统的综合设计灌水定额,然后采用式(5-4)计算灌溉设计流量。

$$m_{综} = \sum_{i=1}^{n} a_i m_i \qquad (5\text{-}5)$$

式中：$m_{综}$ 为设计时段内的综合设计灌水定额(mm)；

　　　m_i 为第 i 种作物在该时段内的设计灌水定额(mm)；

　　　a_i 为第 i 种作物的灌溉面积与全灌区灌溉面积的比值；

　　　n 为灌区内作物种类数。

【例 5-1】　某井灌区为中壤土,土壤容重 $\gamma=1.5t/m^3$,单井出水量 $40m^3/h$,设计灌溉面积 $6.68hm^2$,以种植冬小麦为主,生育期最大日耗水强度 $E=7.0mm/d$,试计算该井灌区水定额、灌水周期和灌溉设计流量。

解:参考表 5-1,田间持水率取 25%,参考公式(5-1)土壤含水量上限取田间持水率的 90%、下限取 65%,计划湿润层深度取 80cm,每天工作时间取 $t=16h$,灌溉水利用系数取 0.8。

灌水定额 $m=10h\beta(\beta_1-\beta_2)\dfrac{\gamma_土}{\gamma_水}$

$\qquad=10\times80\times1.5\times25\%\times(90\%-65\%)$

$\qquad=75(mm)$

灌水周期 $T_理=m/E_d=75/7=10.7(d)$

取 $T=10d$。

灌溉设计流量 $Q_设=0.667mA/(\eta Tt)$

$\qquad=0.667\times75\times100/(10\times16\times0.8)$

$\qquad=39(m^3/h)$

$Q_设$ 小于单井出水量 $40m^3/h$。

三、灌溉工作制度

灌溉工作制度是指管网输配水及田间灌水的运行方式和时间,是根据系统的引水流量、灌溉制度、畦田形状及地平整程度等因素制定的。有续灌、轮灌和随机灌溉 3 种方式。

(一)续灌方式

灌水期间,整个管网系统的出水口同时出流的灌水方式称为续灌。在地形平坦且引水流量和系统容量足够大时,可采用续灌方式。

(二)轮灌方式

在灌水期间,灌溉系统内不是所有管道同时通水,而是将输配水管分组,以轮灌组为单元轮流灌溉。系统同时只有一个出水口出流时称为集中轮灌;有两个或两个以上的出水口同时出流时称为分组轮灌。井灌区管网系统通常采用这种灌水方式。

系统轮灌组数目是根据管网系统灌溉设计流量、第 i 个出水口的设计水量及整个系统的出水口个数按式(5-6)计算的,当整个系统出水口流量接近时,式(5-6)可简化为式(5-7)。

$$N = int\left(\sum_{i=1}^{n} q_i\right)/Q_设 \qquad (5-6)$$

$$N = int(nq/Q_设) \qquad (5-7)$$

式中:N 为轮灌组数;

　　　q_i 为第 i 个出水口设计流量(m^3/h);

　　　int 为取整符号;

　　　n 为系统出水口总数;

　　　$Q_设$ 同前。

然后根据轮灌组数编制轮灌组,编组时应综合考虑 6 个方面:

①每个轮灌组内工作的管道应尽量集中,以便于控制和管理;

②各个轮灌组的总流量尽量接近,离水源较远的轮灌组总流量可小些,但变动幅度不能太大;

③地形地貌变化较大时,可将高程相近地块的管道分在同一轮灌组,同组内压力应大致相同,偏差不宜超过 20%;

④各个轮灌组灌水时间总和不能大于灌水周期;

⑤同一轮灌组内作物种类和种植方式应力求相同,以便灌溉和田间管理;

⑥轮灌组的编组运行方式要有一定规律,以利于提高管道利用率,减少运行费用。

(三)随机方式

随机方式用水是指管网系统各个出水口的启闭在时间和顺序上不受其他出水口工作状态的约束,管网系统随时都可供水,用水单位可随时取水灌溉。这种运行方式多在用水单位较多、作物种植结构复杂及取水随意性大的大灌区中采用,本书不做详细介绍。

【例 5-2】 某渠灌区为中壤土,土壤容重 $\gamma=1.5t/m^3$;管灌控制面积为 $666.67hm^2$,其中冬小麦 $600hm^2$,夏玉米 $600hm^2$,棉花 $66.67hm^2$;生育期最大日耗水强度:冬小麦 7.0mm/天、棉花 5.0mm/天;灌区设计引水流量 $3\ 500m^3/h$,共规划了 1 334 个出水口,采用轮灌方式,单个出水口控制面积 $0.5hm^2$ 、出水流量 $25m^3/h$ 。试确定该灌区灌水定额、灌水周期、灌溉设计流量及灌溉工作制度。

解:根据灌区各种作物需水规律和种植面积,以冬小麦灌水作为设计灌水定额。参考表 5-1 取田间持水率为 25%,土壤含水量上限为田间持水率的 90%、下限为 65%,计划湿润层深度为 80cm,每天工作时间取 t=20h,灌溉水利用系数取0.8。

$$设计灌水定额\ m=10h(\beta_1-\beta_2)\frac{\gamma_{土}}{\gamma_{水}}$$
$$=10\times80\times1.5\times25\%\times(90\%-65\%)$$
$$=75(mm)$$

$$灌水周期\ T_{理}=mA/\sum E_{di}A_i$$
$$=75\times10\ 000/(7.0\times9\ 000+5.0\times1\ 000)$$
$$=11(天)$$

取 T=10d。

$$灌溉设计流量\ Q_{设}=0.667mA/(Tt\eta)$$
$$=0.667\times75\times10\ 000/(10\times20\times0.8)$$
$$=3\ 125(m^3/h)$$

小于设计引水流量 $3\ 500m^3/h$ 。

灌溉工作制度:

轮灌组数 $N=int(nq/Q_{设})=int(1\ 334\times25/3\ 125)=10$

出水口实际出水流量 $NQ_{设}/n=10\times3\ 125/1\ 334=23.4(m^3/h)$

同时工作出水口个数 $int(n/N)=int(1\ 334/10)=133(个)$

每个轮灌组工作时间 $T/N = 10/10 = 1(d)$

四、树状管网各级管道流量计算

(一) 续灌方式

因为整个系统出水口同时出流,所以管网中上一级管道流量等于其下一级管道流量之和。支管各管段设计流量按其控制的出水口个数及各出水口设计流量推算;同样,干管各管段设计流量按其控制的支管条数及各支管入口流量推算。

$$Q_{支i} = \sum_{j=1}^{n} q_j \qquad (5-8)$$

式中:$Q_{支i}$ 为第 i 条支管入口流量(m^3/h);

$\quad\quad q_i$ 为第 i 条支管第 j 个出水口流量(m^3/h);

$\quad\quad n$ 为第 i 条支管控制的出水口总数。

$$Q_{干i} = \sum_{j=1}^{n} Q_{支j} \qquad (5-9)$$

式中:$Q_{干i}$ 为第 i 段干管流量(m^3/h);

$\quad\quad N$ 为第 i 第干管控制的支管条数;

$\quad\quad Q_{支j}$ 为第 i 段干管第 j 条支管入口流量(m^3/h);

$\quad\quad n$ 为第 i 段干管所控制的支管条数。

【例 5-3】 图 5-1 所示的某管道输水灌溉系统分为干、支两级管道,出水口设计流量为 $30m^3/h$,实行续灌。试计算干管各管段流量。

解:由于出水口流量相等,故各支管入口流量相等,均为 $60m^3/h$。干管各段流量可计算如下:

$$Q_{干3} = Q_{支5} + Q_{支6} = 60 + 60 = 120(m^3/h)$$

$$Q_{干2} = Q_{干3} + Q_{支3} + Q_{支4} = 120 + 60 + 60 = 240(m^3/h)$$

$$Q_{干1} = Q_{干2} + Q_{支1} + Q_{支2} = 120 + 120 + 60 + 60 = 360(m^3/h)$$

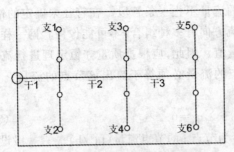

图 5-1 管道输水灌溉系统示例

(二) 轮灌方式

对于单井出水量小于 $60m^3/h$ 的井灌区,通常按开启一个出水口的集中轮灌方式运行,此时各条管道的流量均等于井出水量;同时开启的出水口个数超过两个时,按轮灌组计算各级管道流量。

【例 5-4】 以图 5-1 为例,若系统灌溉设计流量为 $120m^3/h$。出水口设计流量为 $30m^3/h$。试计算各管段流量。

解:由系统设计流量和出水口设计流量知,该系统必须采用轮灌方式,按分组计算各管段流量。

轮灌组数:
$$N=int(nq/Q_设)=int(12\times30/120)=3(组)$$

各轮灌组同时开启的出水口个数:
$$n/N=12/3=4(个)。$$

编组:支$_1$、支$_2$为第一轮灌组;支$_3$、支$_4$为第二轮灌组;支$_5$、支$_6$为第三轮灌组。

各支管入口管段流量均为 $60m^3/h$、末端管段流量均为 $30m^3/h$,干管各管段流量均为 $120m^3/h$。

五、环状管网管道流量计算

环状管网管道各管段的流量与各节点的流量均有联系,流向任何一节点的流量不止一条管段。在管径未确定的情况下,到任一节点的水流方向有多种组合,不可能像树状网一样得到每一管段唯一的流量值。因此,应根据质量守恒定理进行流量分配,即,流向任一节点的流量必须等于流出该节点的流量。计算公式如下:

$$Q_i + \sum q_{ij} = 0 \qquad (5\text{-}10)$$

式中:Q_i 为节点 i 的节点流量(m^3/h);

q_{ij} 为连接点 i 的第 j 管段流量(流入节点的流量为正,流出为负)。

第二节　水头损失计算

一、沿程水头损失

在管道输水灌溉管网设计计算中,根据不同材料使用范围的流态,通常采用式(5-11)的通式计算有压管道沿程水头损失。也可由附表的不同管材的 100m 沿程水头损失中直接查得。

$$Q_i = f\frac{Q^m}{d^b}L \qquad (5\text{-}11)$$

式中:f 为沿程水头损失摩阻系数;

m 为流量指数;

b 为管径指数。

各种管材的 f、m、b 值见表 5-2。

对于地面移动软管,由于软管壁薄、质软并具有一定的弹性,输水性能与一般硬管不同。过水断面随充水压力而变化,其沿程阻力系数和沿程水头损失不但取决于雷诺数、流量及管径,而且明显受工作压力影响;此外,还与软管铺设地面的平整程度及软管的顺直状况等有关。在工程设计中,地面软管沿程水头损失通常采用塑料硬管计算公式计算后乘以一个系数,该系数根据软管布置的顺直程度及铺设地面的平整程度取 $1.1 \sim 1.5$。

表 5-2　各种管材的 f、m、b 值

管道种类		$f(Q:m^3/s,d:m)$	$f(Q:m^3/h,d:mm)$	m	b
混凝土及当地材料管	糙率为 0.013	0.00174	1.312×10^6	2.00	5.33
	糙率为 0.014	0.00201	1.516×10	2.00	5.33
	糙率为 0.015	0.00232	1.749×10	2.00	5.33
旧钢管、旧铸铁管		0.00179	6.250×10	1.90	5.10
石棉水泥管		0.00118	1.455×10	1.85	4.89
硬塑料管		0.000915	0.948×10	1.77	4.77
铝质管及铝合金管		0.000800	0.861×10	1.74	4.74

二、局部水头损失

实际管道往往是由许多管段组成,有时各管段管径并不一样,在各管段之间还用各种形式的管件来连接,如弯管、变径管、三通、四通等;直管上还可能安装有阀门、量水装置、安全阀等。这样,水流过程中,流向或过水断面发生变化,从而引起能量的转换并伴随有能量的损失,由此产生的水头损失为局部水头损失。

局部水头损失一般以流速水头乘以局部水头损失系数来表示。管道的总局部水头损失等于管道上各局部水头损失之和。在实际工程设计中,为简化局部水头损失计算,通常取沿程水头损失的 $10\% \sim 15\%$。

$$h_j = \sum \frac{\varepsilon \upsilon^2}{2g} \qquad (5\text{-}12)$$

式中:h_j 为局部水头损失(m);

ε 为局部水头损失系数;

υ 为断面平均流速(m/s);

g 为重力加速度(m/s²),$g = 9.81$。

三、串联管道与并联管道水力计算

(一) 串联管道

由管径不同的管段依次连接而成的管道,称为串联管道。串联管道内的流量可以是沿程不变的;也可以是沿程每隔一定距离有流量分出,从而各段有不同的流量。因为各管段的流量、直径不同,所以各管段的流速也不同。这时,整个管道的总水头损失等于各管段水头损失之和。

$$h_\omega = \sum_{i=1}^{n} h_{wi} = \sum_{i=1}^{n} (h_{fi} + h_{ji}) \qquad (5-13)$$

式中:h_w 为串联管道总水头损失(m);

　　　h_{wi} 为串联管道各管段的水损失(m);

　　　n 为串联管道管段数。

(二) 并联管道

凡是两条或两条以上的管道从同一点分叉而又在另一点汇合所组成的管道称为并联管道。在汇合点,管道的流量等于各分支管道流量之和,而各分支管道的水头则相等。因此,按下列公式计算水头损失。

$$h_w = h_{w1} = h_{w2} = h_{w3} = \cdots \qquad (5-14)$$

$$Q = Q_1 + Q_2 + Q_3 + \cdots \qquad (5-15)$$

式中:Q 为管道总流量;

　　　Q_1、Q_2、Q_3 … 分别为并联的各条管道流量;

　　　h_w 为管道总水头损失;

　　　h_{w1}、h_{w2}、h_{w3} … 分别为并联的各条管道水头损失。

第三节　　管径确定

在各级管道流量已确定的前提下,各级管道管径的选取,对管网投资和运行费用有很大影响。对于有压输配水管道，当选用的管径增大时，管道流速减小，水头损失减小，相应的水泵提水所需的能耗降低，能耗费用减少，但是管材造价却增大，但运行费用却可降低。在一系列的管径中，可选取在投资偿还期内，管网投资年折算费用与年运行费用之和最小的一组和管径，即经济管径。

一、管网年费用

管网年费用是指管网系统在投资偿还期内，管网投资年折算费用与年运行费用之和。

$$F = af_g + F_y \tag{5-16}$$

式中：F 为管网系统在投资偿还期内的年费用；

f_g 为管网系统工程总造价，包括水源之外的所有固定管道、移动管道、管件及阶属设施费用；

a 为均付因子；

F_y 为管网系统年管理运行费，包括动力、维修和管理费用；

af_g 为管网造价年折算费用。

$$a = i(1+i)^n / [(1+i)^n - 1] \tag{5-17}$$

式中：i 为年利率或折算率（%）；

n 为复利的期数。

$$F_y = F_d + \beta f_g + G$$
$$= 9.8 ETQ_O (H_0 + H)/\eta + \beta f_g + G \tag{5-18}$$

式中：F_d 为管网年动力费用；

β 为年维修费率，以管网造价 % 计；

βf_g 为管网年维修费用；

G 为管理费用等；

E 为动力费用[元/(kW·h)]；

T 为水泵年运行时间(h)；

Q_0 为水泵运行时平均流量(m^3/h);

H 为水泵运行时平均扬程(m);

η 为机泵综合效率。

二、管径确定的方法

管径确定的方法有计算简便的经济流速法和界限设计流量法,还有借助于计算机运行的多种管网优化计算方法。

无论采用哪种方法进行管径确定,都应满足下列约束条件:

① 管网任意处工作压力的最大值应不大于该处材料的公称压力;

② 管道流速应不小于淤流速(一般取 0.5m/s),不大于最大允许流速(通常限制在 2.5～3.0m/s);

③ 设计管径必须是已生产的管径规格;

④ 树状管网各级管道管径应由上到下逐级逐段变小;

⑤ 在设计运行工况下,不同的运行方式时水泵工作点应尽可能在高效区内。

(一) 经济流速法

在井灌区和其他一些重点的管道工程设计中,多采用计算工作量较小的经济流速法。该法是根据不同的管材确定适宜流速,然后由管道水力学公式计算或由附表 1 查得一组比较经济的管径,最后根据商品管径进行标准化修正。

$$d = 1\,000\sqrt{\frac{4Q}{3\,600\pi\upsilon}} = 18.8\sqrt{\frac{Q}{\upsilon}} \qquad (5\text{-}19)$$

式中:d 为管道直径(mm);

υ 为管道内水的流速(m/s);

Q 为计算管段的设计流量(m^3/h)。

经济流速受当地管材价格、使用年限、施工费用及动力价格等因素的影响较大。若当地管材价格较低,而动力价格较高,经济流速应选取较小值,反之则选取较大值。因此,在选取流速时应充分考虑当地的实际情况。表 5-3 列出了不同管材经济流速的参考值。

表 5-3　经济流速表

管　材	钢筋混凝土	混凝土水泥	石棉水泥	水泥土	硬塑料	陶　瓷
υ(m/s)	0.8～1.5	0.8～1.4	0.7～1.3	0.5～1.0	1.0～1.5	0.6～1.1

【例 5-5】某井灌区单井出水量 $42m^3/h$,管道设计流量 $40m^3/h$,一个出水口出流,拟采用 PVC 管材作输配水管道,试求经济管径。

解:根据经济流速方法,查表 5-3 选用经济流速 $υ=1.2m/s$,查附表 1 得:当 $Q=40m^3/h$,$υ=1.2m/s$ 时,$d=110mm$ 的商品管径。

(二) 界限设计流量法

每种标准管径不但有相应的最经济流量,而且有其界限设计流量,在界限设计流量范围内,只要选用这一管径都是比较经济的。

确定界限设计流量的条件是相邻两个商品管径的年费用折算值相等。当两种管径的折算费用相等时,相应的流量即为相邻的界限设计流量。例如,设 $d_1 < d_2 < d_3$,若 Q_1 既是管径 d_1 的上限设计流量,又是管径 d_2 的下限设计流量;Q_2 既是管径 d_2 的上限设计流量,又是管径 d_3 的下限设计流量。那么,凡是管段流量在 Q_1 和 Q_2 之间的,应选用 d_2,否则就不经济。标准管径分档越细,则管径的界限设计流量和经济管径,设计时可参考使用(表 5-4,表 5-5)。

表 5-4　混凝土管界限设计流量　　（单位:m^3/s）

d(mm) \ α	0.8	1.0	1.2	1.4	1.6	1.8	2.0
63	<15.0	<12.5	<10.5	<8.8	<7.6	<6.1	<5.1
75	15.0～21.5	12.5～18.2	10.5～15.4	8.8～13.1	1.3～11.1	6.1～9.4	5.1～7.9

续表 5-4

α d(mm)	0.8	1.0	1.2	1.4	1.6	1.8	2.0
90	21.5～31.8	18.2～27.2	15.4～23.4	13.1～20.0	11.1～17.2	9.4～14.7	7.9～12.6
110	31.8～44.8	27.2～389	23.4～33.7	20.0～29.2	17.2～25.3	14.7～22.0	12.6～19.0
125	44.8～57.4	38.9～50.2	33.7～43.9	29.2～38.3	25.3～33.5	22.0～29.3	19.0～25.6
140	57.4～73.8	50.2～65.0	43.9～57.3	38.3～50.5	33.5～44.5	29.3～39.2	25.6～34.5
160	73.8～95.5	65.0～84.9	57.3～75.4	50.5～67.0	44.5～59.5	39.2～52.9	34.5～47.0
180	95.5～120.1	84.9～107.5	75.4～96.2	67.0～86.1	59.5～77.1	52.9～69.0	47.0～61.8
200	120.1～150.7	107.5～135.9	96.2～122.6	86.1～110.5	77.1～99.7	69.0～89.9	61.8～81.1
225	＞150.7	＞135.9	＞122.6	＞110.5	＞99.7	＞89.9	＞81.1

注:管径指数 b＝5.33,流量指数 m＝2.0

表 5-5　塑料管界限设计流量　　(单位:m³/s)

α d(mm)	0.8	1.0	1.2	1.4	1.6	1.8	2.0
63	＜16.4	＜13.5	＜11.1	＜9.2	＜7.3	＜6.2	＜5.1
75	16.4～23.4	13.5～19.5	11.1～16.3	9.2～13.6	7.6～11.4	6.2～9.5	5.1～7.9
90	23.4～34.3	19.5～29.0	16.3～24.6	13.6～20.8	11.4～17.6	9.51～4.9	7.9～12.6
110	34.3～48.1	29.0～41.2	24.6～35.3	20.8～30.3	17.6～25.9	14.9～22.2	12.6～19.0
125	48.1～61.4	41.2～53.0	35.3～45.8	30.3～39.6	25.9～34.2	22.2～29.6	19.0～25.6
140	61.4～78.5	53.0～68.5	45.8～59.7	39.6～52.1	34.2～45.4	29.6～39.6	25.6～34.5
160	78.5～101.2	68.5～89.1	59.7～78.4	52.1～69.0	45.4～60.7	39.6～53.4	34.5～47.0
180	101.2～126.8	89.1～112.5	78.4～99.8	69.0～88.5	60.7～78.5	53.4～69.6	47.0～61.8
200	126.8～158.6	112.5～141.8	99.8～126.8	88.5～113.4	78.5～101.4	69.6～90.7	61.8～81.1
225	＞158.6	＞141.8	126.8	＞113.4	＞101.4	＞90.7	＞81.1

注:管径指数 b＝4.77,流量指数 m＝1.74

第四节　树状管网水力计算

树状管网水力计算是在管网布置和各级管道流量已确定的前提和满足约束条件下,计算各级管道的经济管径。对于管道首端水压未知时,根据管径、流量、长度计算水头损失,确定首端工作压力,从而选择适宜机泵。对于管道首端水压已知时,则是在满足首端水压条件下,确定管网各级管道的管径。

一、确定管网水利计算的控制点

管网水利计算的控制点是指管网运行时所需最大扬程的出流点,即最不利灌水点。一般应选取离管网首端较远且地面高程较高的地点。在管网中这两个条件不可能同时具备,因此应在符合条件的地点中综合考虑,选出一个最不利灌水点为设计控制点。在轮灌方式中,不同的轮灌组应选择各轮灌组的设计控制点。

二、确定管网水力计算的线路

管网水计算路线是自设计控制点到管网首端的一条管线。对于不同的轮灌组,水力计算的线路长度和走向不同,应确定各轮灌组的水力计算线路。对于续灌方式则只需选择一条计算线路。

三、确定管段流量

在已确定的计算线路中,首先分别计算各级管道的流量。将给水栓作为节点,根据各节点出流量及各管段流量,自控制点沿计算线路向上游逐级推算各管段设计流量。不同轮灌组的计算线路的管段流量可列表计算。同时,还应计算出各配水支管中各管段的流量。

四、各管段管径及水头损失计算

（一）给水栓工作水头

在采用移动软管的系统中，一般采用管径为 $\phi 50 \sim 110\text{mm}$ 的软管，长度一般不超过 100m。给水栓工作水头计算如下：

$$H_g = h_{yf} + h_{gj} + \triangle H_{gy} + (0.2 \sim 0.3) \qquad (5\text{-}20)$$

式中：H_g 为给水栓工作水头(m)；

h_{yf} 为移动软管沿程水头损失(m)；

h_{gj} 为给水栓局部水头损失(m)；

$\triangle H_{gy}$ 为移动管道出口与给水栓出口高差(m)。

当出水口直接配水入畦时，式(5-20) 中 $h_{yf} = 0$，$\triangle H_{gy} = 0$。

（二）干管各管段管径确定

对于需配置机泵的管网，首先根据各管段流量和管材确定经济流速，然后根据管段流量和经济流速确定管径。在工程运行中，通常上级管道累计通过的水量大于下级管道，故上级管道的水头损失在运行费用中所占的比例也大于下级管道。因此，确定经济流速时，累计通过水量大的管段应选较小值，累计通过水量小的管段应选较大值。不同管材选流速范围参考表 5-3。

对于已有水泵或自压管网系统，由于管网首端水压已定，首先应根据各出水口高程及所需水头计算线路中各级管道的水力坡度，然后根据各管段设计流量计算管径，最后选择与计算管径值接近的商用管径。

管径选择时，下游管径不应大于上游管径。选择完毕，还应根据不淤流速和最大允许流速校核各级管道流速。

（三）水头损失计算

根据选用的管材和各管道管径，计算各管段沿程水头损失和局部水头损失。不同轮灌组和管段管径和水头损失应分别计算。在各轮灌组共用的干管管段中应当选取相同的管径，最后选取管网首端压力最高的轮灌组压力为系统设计压力。计算时,局部水头损失可按沿程水头损失的一定比例简化计算,一般为沿程水头损失的10% ~ 15%。控制线路的水力计算可采用表5-6格式进行。

表 5-6 控制线路的水力计算表

管 径	长 度 (m)	流 量 (L/s)	经济流速(m/s)	管 径 (mm)	校核流速 (m/s)	h_f (m)	h_j (m)	h_w (m)
1 ~ 2								
2 ~ 3								
...								
(n−1) ~ n								
合计								

注:表中 h_f 为沿程水头损失,h_j 为沿程水头损失;h_w 为总水头损失

五、控制线路各节点水头推算

输水干管线路中,各节点水压是根据各管段水头损失和节点地面高程自下而上推算得出的。

$$H_0 = H_2 + \sum h_i - H_1 \qquad (5-21)$$

式中:H_0 为上游节点自由水头(m);

H_1 为上游节点高程(m);

H_2 下游节点高程(m);

$\sum h_i$ 为上下游节点间水头损失(m)。

管网各节点及沿线不得出现负压,节点自由水头应满足支管配水要求,且不得大于管材的允许工作压力。管网入口节点的水压确定之后,可根据净扬程计算水泵所需总扬程,以便选择适宜的机泵。

六、配水支管的管径确定

干管各节点水压确定后,各支管起点水压即可确定。首先根据各支管首末端水头计算各支管平均水力坡度,然后计算各条支管管径。支管中间如有出流,可先确定出流处的水压。由此确定出流处上、下管段的平均水力坡度,再分别计算出管段的管径。其中,平均水力坡度为计算管段上、下游节点水头差与计算管段管长的比值。

与干管管径的确定方法不同,支管按水力坡度确定管径,以便充分利用干管中各节点的水头。对于自压式和机泵已配置的输水管网系统,选出各支管最不利灌水点作为控制点计算各管平均水力坡度,然后根据各管段设计流量和平均水力坡度按式(5-22)计算并确定管径。计算时可按表5-7格式进行。

$$d=\left(f\frac{Q^m}{i}\right)^{1/b} \tag{5-22}$$

式中:i 为平均水力坡度,为管段上游节点与下游节点不头差除以管段长度;

其余符号意义同前。

表 5-7　配水支管水力计算表

支管编号	管段	流量(L/s)	管长(m)	平均水力坡度 i	计算管径(mm)	确定管径(mm)	水头损失(m)
支1	1～2						
	2～3						
支2	1～2						
	2～3						

七、水泵扬程计算与水泵选择

(一) 管网入口设计压力计算

管网入口是指管网系统干管进口,管网扩入口设计可按式 (5-23) 计算。在采用潜水泵或深井泵的井灌区,管网入口在机井出口处;使用离心泵的水源,管网入口在水泵出口处。

$$H_{in} = \sum h_f + \sum h_j + \Delta Z + H_g \qquad (5\text{-}23)$$

式中:H_{in} 为管网入口设计压力(m);

$\sum h_f$ 为计算管线沿程水头损失(m);

$\sum h_j$ 为计算管线局部水头损失(m);

$\triangle Z$ 为设计控制点与管网入口地面高程之差(m);

H_g 为设计控制点给水栓工作水头

(m)$\triangle$ 一般取 $0.2 \sim 0.3$。

(二) 水泵扬程计算

对于使用潜水泵或深水泵的井灌区,水泵扬程按式(5-24) 计算;对于使用离心泵的水源,水泵扬程按式(5-25) 计算。

$$H_p = H_{in} + H_m + h_p \qquad (5\text{-}24)$$

式中:H_p 为水泵扬程(m);

H_m 为机井水位(m);

h_p 为水泵进出口水管总水头损失(m)。

$$H_p = H_{in} + H_s + h_p \qquad (5\text{-}25)$$

式中:H_s 为水泵吸程(m);

h_p 为水泵吸水管及底阀水头损失(m)。

(三) 水泵选型

根据以上计算的水泵扬程和系统设计流量选取水泵,然后根据水泵的流量—扬程曲线和管道系统的流量—水头损失曲线校核水泵工作点。水泵工作点校核参考第四章内容。

为保证所选机泵在高效区运行,对于按轮灌组运行的管网系统,可根据不同轮灌组的流量和扬程进行比较,选择水泵。若控制面积大且各轮灌组流量与扬程差别很大时,可选择两台或多台水泵分别对应各轮灌组提水灌溉。

【例 5-6】 某一井灌区管灌系统地势平坦,地块东西长 420m,南北宽 240m,机井位于地块西部中间,地块土质为中壤土,干容重 $\gamma = 1.5t/m^3$,作物南北向种植,作物最大日耗水量 E = 7.5mm/d,井深 80m,机井动水位 24.0m,单井出水量 80m³/h,给水栓设计流量 40m³/h。给水栓位置见图 5-2,东西方向间距 60m,南北方向 100m,共 2 条长 430m 的支管,一条 Φ76 长 30m 的干管,移动软管长 30m。在该系统中,干支管采用实壁 PVC 管,水泵选用潜水泵,水泵上水管为内径 100mm、长 24m 的钢管。试进行管网水力计算和水泵校核。

解:固定管道总长度为 890m,每公顷管道长 90m;田间持水率取重量百分比的 25%,含水率适宜上、下限分别取田间持水率的 90%、60%,湿润层深度取 80cm;灌溉水利用系数取 0.8,每天机泵工作时间取 15h。

灌水定额

$$m = 10 \times 80 \times 1.5 \times 25\% \times (90\% - 60\%) = 90(mm)$$

φ 灌水周期

$$T = m/E = 90/7.5 = 12d,取 T = 10d。$$

设计流量

$$Q = 0.667Ma/(Tt\eta)$$
$$= 0.667 \times 90 \times 151.2/(10 \times 15 \times 0.8) = 75.6(m^3/h)。$$

$Q < Q_井$,取设计流量 $Q = 80m^3/h$。

该系统采用集中轮灌,分 7 个轮灌组,每条支管同时开启 1 个给水栓,则干管流量为 80m³/h,支管流量为 40m³/h。

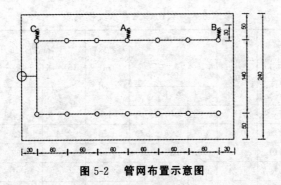

图 5-2　管网布置示意图

设计地势地块平坦,可取线路中间 B 为设计控制点,计算线路为 B 点至井位的管线。因此,可按 B 点至井位的管线计算系统设计工作水头,按设计工作流量选泵,最后用最近和最远两点工作水头校核系统运行时水泵的工作点。

a.经济管径确定　　该系统只有两级管道,故均按经济流速法选择管径。首先由表 5-3 确定经济流速,干管取 1.4m/s,支管取 1.5m/s,然后按经济流速和干管流量由附表 1 查得干管内径为 142mm,支管内径为 97mm,最后干管取 $\phi160$(内径 153.6mm),支管取 $\phi110$(内径 105.6mm)。

b.水力计算　　水泵上水管沿程水头损失按式(5-11)计算,干管和移动软管的沿程水头损失可查附表 2 和附表 3 计算,局部水头损失按沿程水头损失的 10% 计算,并将不同流量时 A、B、C 三点至井口管线水头损失的计算结果列入表 5-8。

表 5-8　A、B、C 三点水头损失表

流量 (m³/h)	泵管 (m) (1)	干管 (PVC) (m) (2)	支管(PVC) (m) (3)			移动软管 (m) (4)	管道进口压力(m) (5) = (1)+(2)+(3)+(4)		
			C点	B点	A点		C点	B点	A点
	h_p	H_f	h_f+h_j	h_f+h_j	h_f+h_j	h_f	C点	B点	A点
60	2.25	0.14	0.67	2.38	4.10	1.50	2.51	4.22	5.94
70	3.01	0.19	0.87	3.16	5.39	1.97	3.23	5.52	7.75
80	3.89	0.24	1.11	3.97	6.83	2.50	4.05	6.91	9.77
90	4.86	0.30	0.37	4.89	8.41	3.07	4.94	8.46	11.98
100	5.94	0.37	0.65	5.89	10.14	3.71	5.93	10.17	14.42

干管长 30m，移动软管长 30m，支管长度 B 点 250m、A 点 430m、C 点 70m，水泵上水管 24m；支管流量为干管和水泵上水管流量的 1/2。

根据表 5-8 计算结果，取流量为 80m³/h 时 B 点的总水头损失计算水泵设计扬程 H_p。

$$H_p = H_{in} + H_m + h_p = 6.91 + 24 + 3.89 = 34.8(m)。$$

根据计算设计工作水头和设计流量选择 200QJ80-33/3 型潜水泵，该潜水泵性能见表 5-9。

表 5-9　200QJ80-33/3 型井用潜水泵性能表

流量 Q (m³/h)	扬　程 (m)	转速 n (r/min)	效率 η (%)	轴功率 P (kW)
64	42		73.2	10.0
80	35.8	2 870	75.8	10.3
96	26.7		69.0	10.11

用图解法确定并校核设计工作压力下的水泵工况。按表 5-8 中 A、B、C 三点管道特性曲线绘于图的交点就是这三个出水口所

在轮灌给运行时水泵的工作点。系统在最近和最远两点运行时,水泵工作点在高效区内。

<h1 style="text-align:center">第五节　环状网水力计算</h1>

树状网和树环混合网均是环状网的特例。目前,国内外环状网水力计算方法的思路基本相同,即简化水头损失计算公式,然后根据连续方程和能量方程建立节点方程,其次是将非线性方程组线性化,最后选择合适的计算方法求解线性方程组。通常,环状网水力计算程序或软件均可用解树状网和环状混合网。

一、水头损失公式简化

将式(5-16)和式(5-19)水头损失计算公式简化为下列形式:

$$h_w = h_f + h_j = \left(f\frac{1}{d^b} + \frac{\varepsilon}{2gA^2Q^{a-2}} \right)Q^a = cpQ^a \quad (5\text{-}26)$$

式中:h_w 为总水头损失(m);

　　　cp 为简化系数;

　　　Q 为管段流量;

　　　a 为流量指数。

二、节点方程建立

将管网上所有给水栓都看作节点,每个节点可有上游节点集合、下游节点集合和流出量三部分。对于管网的所有节点,规定流入节点的流量取正值,流出节点的流量取负值。如图 5-3 所示的任一节点 i,可建立节点的连续方程和能量方程如下。

$$
\begin{aligned}
Q_{i-1,i} - Q_{i,i+1} - q_i &= 0 \\
E_{i-1,i} - E_i &= cp_{i-1,i}Q_{i-1,i}^a \\
E_i - E_{i+1} &= cp_{i,i+1}Q_{i,i+1}^a
\end{aligned}
\quad (5\text{-}27)
$$

$$E_i - Z_i = cg_i q^\beta$$

式中：$E_{i-1,i}$ 为 i 节点的上游节点能量（水头）（m）；

E_i 为 i 节点能量（水头）（m）；

E_{i+1} 为 i 节点下游节点的流量（水头）（m）；

$Q_{i-1,i0}$ 为上游节点流入节点 i 的流量（m³/h）；

$Q_{i,i+1}$ 为 i 节点流入下游节点的流量（m³/h）；

q_i 为流出节点 i 的流量（m³/h）；

$cp_{i-1,i}$ 为节点 $i-1$ 与节点 i 间管段流量系数；

$cp_{i,i+1}$ 为节点 $i+1$ 间管段流量系数；

cg_i 为给水栓局部水头损失系数；

β 为给水栓流量指数；

Z_i 为给水栓（或出水口）的高程（m）。

其中 cg_i 和 β 根据用户输入的给水栓出水流量和工作水头计算。

由式(5-27) 方程组变换后可得下列任一节点 i 的非线性方程组。

$$f_i(E) = \left(\frac{E_{i-1} - E_i}{cp_{i-1,i}}\right)^{\frac{1}{m}} - \left(\frac{E_i - E_{i+1}}{cp_{i,i+1}}\right)^{\frac{1}{m}} - \left(\frac{E_i - Z_i}{cp_{gi}}\right)^{\frac{1}{\beta}} \quad (5-28)$$

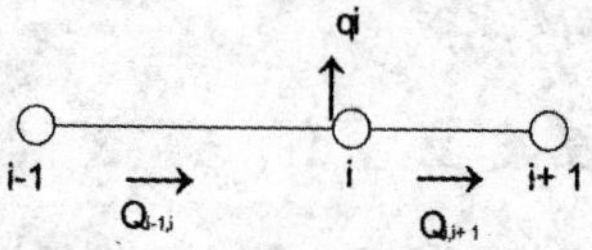

图 5-3　管网节点示意图

三、非线性方程组线性化

管网水力学基本方程式(5-28) 是一个大型非线性方程组，国内外关于该方程组的求解方法很多，但因计算复杂，通常借助于计算机来完成工作。

第六节　水击压力计算与防护

有压管道中,由于管内流速突然变化而引起管道中水流压力急剧上升或下降的现象,称为水击。在水击的情况下,管道有时会因内压力超过管材公称压力或管内出现负压而损坏管道。

在低压管道系统中,由于压力较小,管内流速不大,一般情况下水击压力不会过高。因此,在低压管道中,只要严格按照操作规程,并配齐安全保护装置,可不进行水击压力计算,但对于规模较大的低压管道输水灌溉工程,应该进行水压验算。事实上,有些低压管道输水工程管道破裂是由水击压力造成的。

一、水击压力计算

(一) 水击波传播速度

$$C=\frac{1\ 435}{\sqrt{1+\dfrac{Kd}{Ee}}}=\frac{1\ 435}{\sqrt{1+a\dfrac{d}{e}}} \tag{5-29}$$

式中:C 为均质圆形管(e/d < 1/20)水击波传播速度(m/s);

　　　d 为管径(m);

　　　e 为管壁厚度(m);

　　　K 为水的体积弹性系数(kN/m^2),随水温和水压的增加而增大,在 25 个大气压以下、水温 10℃ 时 K = 260 × $10^4 Kn/m^2$;

　　　a = K/E;

　　　E 为管材纵向弹性系数(kN/m^2)。

不同管材的 a、E 值见表 5-10。

表 5-10　水的弹性系数和管材弹性系数之比(a) 值表

管　材	钢　管	铸铁管	混凝土管	钢筋混凝土管	钢丝水泥管
E(kN/m²)	206×10^6	88×10^6	206×10^5	206×10^5	206×10^5
K/E = a	0.01	0.02	0.10	0.10	0.10

管　材	石棉水泥管	陶土管	硬聚氯乙烯管	灰土管	砌石管	砌砖管
E(kN/m²)	324×10^4	490×10^4	392×10^4	588×10^4	785×10^4	294×10^4
K/E = a	0.06	0.42	0.53	0.35	0.26	0.70

(二) 水击类型判别

由计算管段长度和水击波速可按式(5-30)计算水击波在管路中往返一次所需的时间,即水击相时;然后根据阀门关闭历时与水击相时确定水击类型,即直接水击或间接水击。即,当阀门关闭历时等于或小于一个水击相时,瞬时关阀所产生的水击为直接水击,否则为间接水击。

$$T_T = \frac{2L}{C}\tag{5-30}$$

式中：T_t 为水击相时(s)；

L 为计算管段管长(m)。

(三) 水击水头

直接水击水头

$$H_d = \frac{Cv_0}{g} = \frac{2Lv_0}{gT_t}\tag{5-31}$$

间接水击水头

$$H_i = \frac{2Lv_0}{g(T_t + T_g)}\tag{5-32}$$

式中：H_d 为直接水击水头(m)；

H_i 为间接水击水头(m),关阀正,开阀为负；

v_0 为闸门前水的流速(m/s)；

T_g 为关闭阀门时间(s)；

g 为重力加速度，$g=9.81m/s^2$；

其余符号意义同前。

【例 5-7】　某井灌区采用内径 200mm、壁厚 20mm 的混凝土管，通过管道最大流量为 $60\%m^3/h$；水击压力计算管段长为 200m。计算阀门在 5 秒内关闭时的水击压力。

解：由表 5-10 查得混凝土管 $a=0.1$，由式(5-29)计算出水击波速 $C=1\ 015m/s$，由式(5-29)计算出水击相时 $T_t=0.4s$。$T_t<5$(关阀历时)，故关阀时产生间接水击，水击压力 Hi 由式(5-32)计算，即 $H_i=4.0m$。

二、防止水击压力的措施

在井灌区低压管道系统中，只要在设计和管理中采取有效防护措施，可不进行水击压力计算。但在渠灌区，由于输水流量大，管网比井灌区复杂得多，设计时必须进行水击压力计算和分析。

水击压力计算公式表明：影响水击压力的主要因素有阀门启闭时间、管道长度和管内流速。因此，可针对以上因素在管道工程设计和运行管理中采取以下措施来避免和减小水击危害。

①操作运行中应缓慢启闭阀门时间，从而避免产生直接水击并可降低间接水击压力。

②由于水击压力与管内流速成正比，因此在设计中应控制管内流速不超过最大流速限制范围。

③由于水击压力与管道长度成正比，因此在设计中可隔一定距离设置具有自由水面的调压井并安装闸阀和进排气阀，以缩短管道长度并削减水击压力。

第六章 管材及其连接件

第一节 管材种类及其选择

一、管材的种类

可用于管道输水灌溉的管材较多,按管道材质可分为塑料类管材、金属材料管、水泥类管材和其他材料管4类。

二、管材选择

(一) 技术要求

① 能承受设计要求的工作压力。管材允许工作压力应为管道最大正常工作压力的1.4倍。当管道可能产生较大水击压力时,管材的允许工作压力应不小于水击时的最大压力。

② 管壁要均匀一致,壁厚误差应不大于5%。

③ 地埋暗管在农业机具和车辆等外荷载的作用下管材的径向变形率(即径向变形量与外径的比值)不得大于5%。

④ 满足运输和施工的要求,能承受一定的局部沉陷应力。

⑤ 管材内壁光滑,内外壁无可见裂缝,耐土壤化学侵蚀,耐老化,使用寿命满足设计年限要求。

⑥ 管材与管材、管材与管件连接方便。连接处应满足工作压力、抗弯折、抗渗漏、强度、刚度及安全等方面的要求。

⑦ 移动管道要轻便、易快速拆卸、耐碰撞、耐磨擦、不易被扎破及抗老化性能好等。

⑧ 当输送的水流有特殊要求时,还应考虑对管材的特殊需

要。如灌溉与饮水结合的管道,要符合输送饮用水的要求。

(二) 选择方法

在满足设计要求的前提下综合考虑以下经济因素进行管材选择:① 管材管件的价格;② 施工费用,包括运输费用、当地劳动力价值、施工辅助材料及施工设备费用;③ 工程的使用年限;④ 工程维修费用等。

在经济条件较好的地区,固定管道可选择价格相对较高但施工、安装方便及运行可靠的硬 PVC 管;移动管可选择涂塑软管。在经济条件较差的地区,可选择价格低廉的管材。如固定管可选素混凝土管、水泥砂土管等地方管材;移动管可选择塑料薄膜软管。在水泥、砂石料可就地取材的地方,选择就地生产的素混凝土管较经济。在缺乏或远离砂石料的地方,选择塑料管则可能是经济的。另外,选择管材还要考虑应用条件及施工环境的特殊要求。在管道可能出现较大不均匀沉陷的地方,不宜选择刚性连接的素混凝土管,可选柔性较好的塑料硬管。在丘陵和砾石较多的山前平原,管沟开挖回填较难控制,可选择外刚度较高的双壁波纹 PVC 管,不宜选薄壁 PVC 管。在跨沟、过路的地方,可选择钢管、铸铁管。在矿渣、炉渣堆积的工矿区附近,可利用矿渣、炉渣就地生产的水泥预制管。这样,既发展了节水灌溉,又有利于环境保护。对将来可能发展喷灌的地区,应选择承压能力较高的管材,便于发展喷灌时利用。对于山区果园灌溉,将来可能发展微灌的地方,可部分选择 PE 管材。

总之,管材选择要遵循经济实用,因地制宜,就地取材,减少运输,方便施工的原则。同时,还应考虑生产厂家的生产能力和信誉,以避免不必要的纠纷。

第二节 塑料硬管

塑料硬管具有重量轻、易搬运、内壁光滑、输水阻力小、耐腐蚀和施工安装方便等优点。在管道输水灌溉工程中得到广泛应用。塑料硬管抗紫外线性能差,故多埋于地下,以减缓老化速度。在地埋条件下,使用寿命均在 20 年以上,并能适应一定的不均匀沉陷。

在管道输水灌溉系统中常用的硬塑料主要有普通聚氯乙烯管、聚乙烯管、聚丙烯管、双壁波纹管和加筋 PVC 管等。

一、硬聚氯乙烯管材

硬聚氯乙烯管材是按一定的配方比例将聚氯乙烯树脂、各种添加剂均匀混合,加热熔融、塑化后,经挤出、冷却定型而成。根据外观可分为光滑管和波纹管。目前,按国家标准生产的,可用于管道灌溉系统的硬聚氯乙烯管材主要有低压水灌溉用系列和给水用系列等。

(一) 灌溉用普通硬聚氯乙烯管(PVC)

综合国家和水利部标准,将管道输水灌溉工程中常用的管材规格列于表 6-1。系统设计时可根据工作压力要求选取相应公称压力的管材。

表 6-1　硬聚氯乙烯管材的公称直径、壁厚及公差

公称外径 (mm)	平均外径极限偏差 (mm)	公称压力 0.20MPa		公称压力 0.25MPa		公称压力 0.32MPa		公称压力 0.63MPa		公称压力 1.00MPa		公称压力 1.25MPa	
		壁厚 (mm)	极限偏差	壁厚 (mm)	极限偏差	壁厚 (mm)	极限偏差	壁厚 (mm)	极限偏差	壁厚 (mm)	极限偏差	壁厚 (mm)	极限偏差
20	+0.30							1.6	+0.40	1.9	+0.40		
25	+0.30							1.6	+0.40	1.9	+0.40		
32	+0.30							1.6	+0.40	1.9	+0.40		
40	+0.30							1.6	+0.40	1.9	+0.40	2.4	+0.50

续表 6-1

公称外径 (mm)	平均外径极限偏差 (mm)	公称压力 0.20MPa		公称压力 0.25MPa		公称压力 0.32MPa		公称压力 0.63MPa		公称压力 1.00MPa		公称压力 1.25MPa	
		壁厚 (mm)	极限偏差	壁厚 (mm)	极限偏差	壁厚 (mm)	极限偏差	壁厚 (mm)	极限偏差	壁厚 (mm)	极限偏差	壁厚 (mm)	极限偏差
50	+0.30							1.6	+0.40	2.4	+0.50	3.0	+0.50
63	+0.30							2.0	+0.40	3.0	+0.50	3.8	+0.60
75	+0.30					1.5	+0.40	2.3	+0.50	3.6	+0.60	4.5	+0.70
90	+0.30					1.8	+0.40	2.8	+0.50	4.3	+0.70	5.4	+0.80
110	+0.40			1.8	+0.40	2.2	+0.40	3.4	+0.60	5.3	+0.80	6.6	+0.90
125	+0.40			2.0	+0.40	2.5	+0.40	3.9	+0.60	6.0	+0.80	7.4	+1.0
140	+0.50			2.2	+0.40	2.8	+0.50	4.3	+0.60	6.7	+0.90	8.3	+1.10
160	+0.50	2.0	+0.40	2.5	+0.40			4.9	+0.70	7.7	+1.00	9.5	+1.20
180	+0.60	2.3	+0.50	2.8	+0.50	3.6	+0.60	5.5	+0.80	8.6	+1.10		
200	+0.60	2.5	+0.50	3.2	+0.60	3.9	+0.60	6.2	+0.90	9.6	+1.20		
225	+0.70					4.4	+0.70	6.9	+0.90	10.8	+1.30		
250	+0.80					4.9	+0.70	7.7	+1.00	11.9	+1.40		
280	+0.90					5.5	+0.80	8.6	+1.10	13.4	+1.60		
315	+1.00					6.2	+0.90	9.7	+1.00	15.0	+1.70		

注：1. 公称压力是管材在 20℃ 下输送水的工作压力

　　2. 0.20～032MPa 系列为 GB/T 13664—92《低压输水灌溉用薄壁硬聚氯乙烯（PVC—U）管材》；0.63～1.00MPa 系列为 GB 10002.1—88《给水用硬聚氯乙烯管材》；1.25MPa 系列为 SL/T 96.1-1994《喷灌用硬聚氯乙烯管材》

　　3. 管材长度一般为 4～6m 一节

　　在 PVC 管材的生产过程中，同一套模具采用不同的牵拉速度，可生产出不同壁厚的管材。因此，部分厂家生产了多种壁厚规格的管材。设计时可根据设计要求选用，但必须了解管材的性能指标。

（二）硬聚氯乙烯(PVC-U) 双壁波纹管材

　　硬聚氯乙烯双壁波纹管材按压力等级分为无压、0.20MPa 和 0.40MPa 3 个系列，规格见表 6-2。

表 6-2 硬聚氯乙烯(PVC-U) 双壁波纹管材(QB/T 1961) 的规格

公称外径 (mm)	外径极限偏差(mm)		最小平均 (mm)	最大承口 (mm)	最小承口 (mm)	长度 (mm)	长度极限偏差 (mm)
	上偏差	下偏差					
63			54	63.3	40		
75			65	75.4	52		
90			77	90.4	63		
110			97	110.5	75		
125			107	125.5	78	4 000 或 6 000 或 8 000	± 30
160			135	160.6	95		
200			172	200.7	110		
250			216	250.9	130		
315			270	316.1	180		
400			340	401.3	240		
500			432	501.6	300		

注:硬聚氯乙烯双壁波纹管的连接方式为密封圈承插式连接

目前,生产硬聚氯乙烯双壁波纹管材的厂家较少,规格也不够齐全,选用时必须了解厂家生产的规格。

(三) 其他硬聚氯乙烯管材

近年来,随着管道输水灌溉技术发展的特殊要求,通过改变生产工艺和配方,生产出一些新型的硬聚氯乙烯管材。例如,通过添加赤泥生产的赤泥硬聚氯乙烯管材,改善了管材的抗老化性能,提高了强度;通过加入环向钢筋生产的加筋硬聚氯乙烯管材,提高了大口径管材的强度、减小了壁厚、降低了造价。

目前国内生产的可用于管道输水灌溉的 PVC 管材种类较多,应根据当地条件选用。使用压力和口径较大时,选用加筋 PVC 管更经济。当压力较低时,导致管道破坏的因素往往不是内水压力,而是外刚度不足,此时选用双壁波纹管较适宜。施工条件较好,管沟挖填能严格控制,亦可选用薄壁 PVC 管。在地形复杂、施工条件较差的丘陵区,应用压力稍高、外刚度较大的管材。

二、聚乙烯管材

聚乙烯(PE)管材由于不含有毒的氯,更适于输送饮用水,因而在与饮水相结合的管灌工程中,可选用 PE 管材。另外,由于 PE 管较 PVC 硬管柔软、重量轻,可用于管沟开挖难以控制的山丘区,还可作为移动管。目前微管系统多采用 PE 管,若考虑今后可能改建成微灌工程,管灌系统亦可采用 PE 管。

根据所采用的聚乙烯材料密度的不同,PE 管材可分为高密度聚乙烯(HDPE)和低密度聚乙烯(LDPE、LLDPE)两种。低密度聚乙烯又称为高压聚乙烯,相应的管材又称为高压聚乙烯管材。

(一) 高密度聚乙烯管材

高密度聚乙烯管材施工方便、运行可靠、耐久性好,但价格较高。因此,在管道输水灌溉工程使用较少。其规格见表 6-3。

表 6-3 高密度聚乙烯管材规格

公称外径 (mm)	用管件连接管的平均外径极限偏差 (mm)	热承插连接管的平均外径极限偏差 (mm)	公称压力 0.25MPa		公称压力 0.40MPa		公称压力 0.60MPa		公称压力 1.00MPa	
			公称壁厚 (mm)	极限偏差 (mm)	公称壁厚 (mm)	极限偏差 (mm)	公称壁厚 (mm)	极限偏差 (mm)	公称壁厚 (mm)	极限偏差 (mm)
16	+0.30	±0.2							2.0	+0.40
20	+0.30	±0.3							2.0	+0.40
25	+0.30	±0.3					2.0	+0.40	2.3	+0.50
32	+0.30	±0.3					2.0	+0.40	2.9	+0.50
40	+0.40	±0.4			2.0	+0.40	2.4	+0.50	3.7	+0.60
50	+0.50	±0.4			2.0	+0.40	3.0	+0.50	4.6	+0.70
63	+0.60	±0.5	2.0	+0.40	2.4	+0.50	3.8	+0.50	5.8	+0.80
75	+0.70	±0.5	2.0	+0.40	2.9	+0.60	4.5	+0.60	6.8	+0.90
90	+0.90	±0.7	2.2	+0.50	3.5	+0.60	5.4	+0.70	8.2	+1.10
110	+1.00	±0.8	2.7	+0.50	4.2	+0.70	6.6	+0.80	10.0	+1.20
125	+1.20	±1.0	3.1	+0.50	4.8	+0.70	7.4	+0.90	11.4	+1.30

续表 6-3

公称外径（mm）	用管件连接管的平均外径极限偏差（mm）	热承插连接管的平均外径极限偏差（mm）	公称压力 0.25MPa		公称压力 0.40MPa		公称压力 0.60MPa		公称压力 1.00MPa	
			公称壁厚（mm）	极限偏差（mm）	公称壁厚（mm）	极限偏差（mm）	公称壁厚（mm）	极限偏差（mm）	公称壁厚（mm）	极限偏差（mm）
140	+1.30	±1.0	3.5	+0.60	5.4	+0.80	8.3	+1.00	12.7	+1.50
160	+1.50	±1.2	4.0	+0.60	6.2	+0.90	9.5	+1.10	14.6	+1.70
180	+1.70		4.4	+0.70	6.9	+0.90	10.7	+1.20	16.4	+1.90
200	+1.80		4.9	+0.70	7.7	+1.00	11.9	+1.30	18.2	+2.10
225	+2.10		5.5	+0.80	8.6	+1.10	13.4	+1.40	20.5	+2.30
250	+2.30		6.2	+0.90	9.6	+1.20	14.8	+1.60	22.7	+2.40
315	+2.90		7.7	+1.00	12.1	+1.50	18.7	+1.70	28.6	+3.10

注：1. 公称压力是管材在20℃条件下输送水的工作压力；管材长度每节不小于4m

2. 本表摘自 GD/T 13663—92

（二）低密度聚乙烯管材

低密度聚乙烯管材较柔软,抗冲击性强,适宜地形较复杂的地区。这类管材多用于微灌工程,对于输水流量较小的山丘果园管道输水灌溉工程也可采用这种管材,其规格见表6-4。

表 6-4　低密度聚乙烯管材规格

公称外径（mm）	平均外径极限偏差（mm）	公称压力 0.25MPa		公称压力 0.40MPa		公称压力 0.60MPa		公称压力 1.00MPa	
		公称壁厚（mm）	极限偏差（mm）	公称壁厚（mm）	极限偏差（mm）	公称壁厚（mm）	极限偏差（mm）	公称壁厚（mm）	极限偏差（mm）
6	+0.30			0.5	+0.30				
8	+0.30			0.6	+0.30				
10	+0.30	0.5	+0.30	0.8	+0.30				
12	+0.30	0.6	+0.30	0.9	+0.30				
16	+0.30	0.8	+0.30	1.2	+0.30	2.3	+0.50	2.7	+0.50
20	+0.30	1.0	+0.30	1.5	+0.40	2.3	+0.50	3.4	+0.60
25	+0.30	1.2	+0.30	1.9	+0.40	2.8	+0.50	4.2	+0.70
32	+0.30	1.6	+0.40	2.4	+0.40	3.6	+0.60	5.4	+0.80
40	+0.40	1.9	+0.40	3.0	+0.40	4.5	+0.70	6.7	+0.90
50	+0.50	2.4	+0.50	3.7	+0.60	5.6	+0.80	8.3	+1.10

续表 6-4

公称外径（mm）	平均外径极限偏差（mm）	公称压力 0.25MPa		公称压力 0.40MPa		公称压力 0.60MPa		公称压力 1.00MPa	
		公称壁厚（mm）	极限偏差（mm）	公称壁厚（mm）	极限偏差（mm）	公称壁厚（mm）	极限偏差（mm）	公称壁厚（mm）	极限偏差（mm）
63	+0.60	3.0	+0.50	4.7	+0.70	7.1	+1.00	10.5	+1.30
75	+0.70	3.6	+0.60	5.5	+0.80	8.4	+1.10	12.5	+1.50
90	+0.90	4.3	+0.70	6.6	+0.90	10.1	+1.30	15.0	+1.70
110	+1.00					12.3	+1.50	18.3	+2.10

注：1. 公称压力为管材在 20℃ 条件下的工作压力

　　2. 0.25MPa 系列为 SL/T 96.2—1994 标准；0.60MPa、1.00MPa 系列为 GB—93 标准

　　3. 本表摘自 GB 1980—93，SL/T 96.2—1994

　　此外，早期引进的微灌技术采用的低密度聚乙烯管材是按内径系列生产的。由于这种管材连接比较方便且成本低，并已形成系列产品，目前仍有厂家按这种标准生产，规格见表 6-5。

表 6-5　公称压力为 0.25MPa 内径系列低密度聚乙烯管材的规格

公称内径（mm）	10	12	15	20	25	32	40	50	65	80
壁　厚（mm）	1.0	1.0	1.15	1.6	2.0	2.7	3.3	3.9	5.0	5.3

三、聚丙烯管材

　　聚丙烯管材是以聚丙烯树脂为基料，加入其他材料，经挤出成型而制成的性能良好的共聚改性管材。这种管材的性能、适用条件与高密度聚乙烯管类似，规格见表 6-6。

表 6-6　聚丙烯管材的规格

公称外径 (mm)	外径偏差 (mm)	公称压力 0.25MPa		公称压力 0.40MPa		公称压力 0.60MPa		公称压力 1.00MPa		公称压力 1.60MPa		公称压力 2.00MPa	
		公称壁厚 (mm)	极限偏差 (mm)	公称壁厚 (mm)	极限偏差 (mm)	公称壁厚 (mm)	极限偏差 (mm)	公称壁厚 (mm)	极限偏差 (mm)	公称壁厚 (mm)	极限偏差 (mm)	公称壁厚 (mm)	极限偏差 (mm)
16	+0.30							1.8	+0.50	2.2	+0.50	2.7	+0.50
20	+0.30					1.8	+0.40	1.9	+0.40	2.8	+0.50	3.4	+0.60
25	+0.30					1.8	+0.40	2.3	+0.50	3.5	+0.60	4.2	+0.70
32	+0.30					1.9	+0.40	2.9	+0.50	4.4	+0.70	5.4	+0.80
40	+0.40			1.8	+0.40	2.4	+0.50	3.7	+0.60	5.5	+0.80	6.7	+0.90
50	+0.50	1.8	+0.40	2.0	+0.40	3.0	+0.50	4.6	+0.70	6.9	+0.90	8.3	+1.10
63	+0.60	1.8	+0.40	2.4	+0.50	3.8	+0.60	5.8	+0.80	8.6	+1.10	10.5	+1.30
75	+0.70	1.9	+0.40	2.5	+0.50	4.5	+0.70	6.8	+0.90	10.3	+1.30	12.5	+1.50
90	+0.90	2.2	+0.50	3.5	+0.60	5.4	+0.80	8.2	+1.10	12.3	+1.50	15.0	+1.70
110	+1.00	2.7	+0.50	4.2	+0.70	6.6	+10.9	10.0	+1.20	15.1	+1.80	18.3	+2.10
125	+1.20	3.1	+0.60	4.8	+0.70	7.4	+1.00	11.4	+1.40	17.1	+2.00	20.8	+2.30
140	+1.30	3.5	+0.60	5.4	+0.80	8.3	+1.10	12.7	+1.50	19.2	+2.20	23.3	+2.60
160	+1.50	4.0	+0.60	6.2	+0.90	9.5	+1.20	14.6	+1.70	21.9	+2.40	26.6	+2.90
180	+1.70	4.4	+0.70	6.9	+0.90	10.7	+1.30	16.4	+1.90	24.6	+2.70	29.9	+3.20
200	+1.80	4.9	+0.70	7.7	+1.00	11.9	+1.40	18.2	+2.10	27.3	+3.00		
225	+2.10	5.5	+0.80	8.6	+1.10	13.4	+1.60	20.5	+2.30				
250	+2.30	6.2	+0.90	9.6	+1.20	14.8	+1.70	22.7	+2.50				
180	+2.60	6.9	+0.90	10.7	+1.30	16.6	+1.90	25.4	+2.80				
315	+2.90	7.7	+1.00	12.1	+1.50	18.7	+2.10	28.6	+3.10				
355	+3.20	8.7	+1.10	13.6	+1.60	21.1	+2.40						
400	+3.60	9.8	+1.70	15.3	+2.50	23.7	+3.80						
450	+4.10	11.0	+1.90	17.2	+2.80	26.7	+4.30						
500	+4.50	12.3	+2.10	19.1	+3.10	29.6	+4.70						
560	+5.10	13.7	+2.30	21.4	+3.40								
630	+5.70	15.4	+2.60	24.1	+3.90								

注:1. 公称压力为管材在 20℃ 条件下的工作压力,建议设计应力 5.0MPa;管材长度每节 4～6m

2. 本表摘自 GB 1929—93

四、硬塑料管材的连接与配套管件

硬塑料管的连接有扩口承插式、套管式、锁紧接头式、螺纹式、法兰式、热熔焊接式等形式。同一连接形式中又有多种连接方法，不同的连接方法的适用条件、适用范围及适用的连接件亦不同。因此，在选择连接形式、连接方法时，应根据被连接管材的种类、规格、管道系统设计压力、施工环境、连接方式的适用范围、操作人员技术水平等来进行综合考虑。

（一）扩口承插式连接

扩口承插式连接是目前管道灌溉系统中应用最广的一种形式。其连接方法有：热软化扩口承插连接、扩口加密封圈承插连接和溶剂粘合式承插连接 3 种。相同管径之间的连接一般不需要连接件，只是在分流、转弯、变径等情况时才使用管件。塑料管件一般带有承口，采用溶剂粘合或加密封圈承插连接即可。

对于双壁波纹管，可选用溶剂粘接式承插管件，连接时用专用橡胶圈密封，亦可加胶粘接，见图 6-1 和图 6-2。

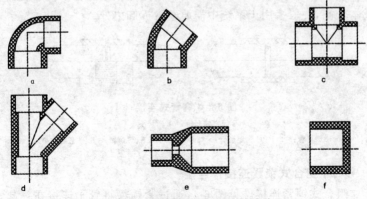

图 6-1　溶剂粘合式承插连接管件

a 90º 弯头；　b 45º 弯头；　c 90º 三通；d 45º 三通；e 异径；f 堵头

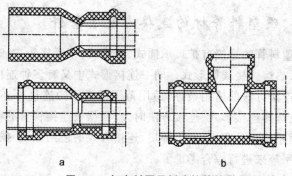

图 6-2   加密封圈承插连接管件

a异径；b堵头

（二）套管式连接

对于无扩口直管的连接,除了在施工现场扩口连接之外,还可采用套管连接,即用一专用接头将两节管子连接在一起,见图 6-3。图 6-3(a)是固定式套管,接头与管子连接后成为一整体,不易拆卸,接头成本较低。图 6-3(b)是活接头,接头与管子连接后成为一个整体,但管子与管子之间可通过松紧螺帽来拆卸,接头成本较高,一般多用于系统中需要经常拆卸之处。

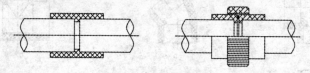

图 6-3   套管式连接

a固定式套管；b活接头

1.塑料管；2.PVC固定套管；3.承口端；4.PVC螺帽；5.平密封胶垫

（三）组合式锁紧连接件连接

组合式锁紧连接件见图 6-4,通过紧锁箍将管子连接在一起,能承受较高的压力。图 6-4(a)所示的锁紧接头主要用于塑料管与塑料管之间的连接;图 6-4(b)所示的锁紧接头则用于塑料管与金属管之间的连接。组合式锁紧连接多用于粘合连接不方便的聚乙烯、聚丙烯等管材以及系统设计压力较高的聚氯乙烯管材的连接。

除图 6-4 所示的形式外,还有图 6-5 所示的相应管径有三通、变径、弯管等,这类管件适用于管径不大于 63mm 的管材。连接较软的管材可用注塑管件,如 LDPE 管;连接较硬的管材可用金属管件,如 HDPE 管。对于管径大于 63mm 的管件,其紧锁螺母改为法兰盘,一般采用金属加工制成,见图 6-6。

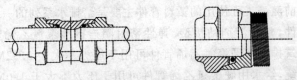

图 6-4　组合式锁紧连接

a 塑料管与塑料管连接; b 塑料管与金属管连接

1.塑料管; 2.铸铁紧固螺栓; 3.O 型橡胶密封圈; 4.铸铁压力环

5.铸铁夹环; 6.与金属管连接端; 7.与塑料管连接端

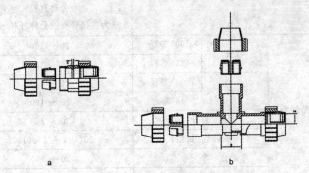

图 6-5　组合式锁紧连接

a 接头; b 三通

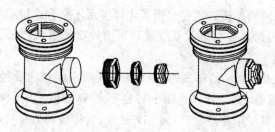

图 6-6 管径大于 63mm 组合式锁紧连接

(四) 塑料管件的系列规格

目前灌溉工程使用的塑料管件主要是给排水系列的一次成型塑料管件,包括溶剂粘接型、弹性密封圈连接型聚氯乙烯塑料管件。建筑排水用硬聚氯乙烯管件可用于压力不大于 0.32MPa 的管道系统,给水用硬聚氯乙烯管件可用于压力不大于 1.0MPa 的管道系统。标准塑料管件类型与工程直径见表 6-7,形状及基本尺寸见图 6-1 至图 6-6、表 6-8 和表 6-9。

表 6-7 标准塑料管件类型与公称直径

B			公称直径 (为连接管材的公称外径 mm)
溶剂粘接型	弯头	90°等径	20 ~ 160
		45°等径	20 ~ 160
	三通	90°等径	20 ~ 160
		45°等径	20 ~ 160
	套管		20 ~ 160
	变径管(长型)		25(20) ~ 160(140)
	堵头		20 ~ 160
	活接头		20 ~ 63
弹性密封 圈连接型	90°三通		63 ~ 225
	套管		63 ~ 225
	自变径管		75(63) ~ 225(200)

注:本表摘自 GB 10002.2

表 6-8　溶剂粘接型承口基本尺寸

承口公称直径 （mm）	最小承口长度 （mm）	在承口长度中点的平均内径 （用于间隙的接头）	
		最小（mm）	最大（mm）
20	16.0	20.1	20.3
25	18.5	25.1	25.3
32	22.0	32.1	32.3
40	26.0	40.1	40.3
50	31.0	50.1	50.3
63	37.5	63.1	63.3
75	43.5	75.1	75.3
90	51.0	90.1	90.3
110	61.0	110.1	110.4
125	68.5	125.1	125.4
140	76.0	140.2	140.5
160	86.0	160.2	160.5

注：本表摘自 GB 10002.2

表 6-9　弹性密封圈连接型承口基本尺寸

管径公称外径 （mm）	最小承插长度 （mm）	管径公称外径 （mm）	最小承插长度 （mm）	管径公称外径 （mm）	最小承插长度 （mm）
63	64	140	81	250	105
75	67	160	86	280	112
90	70	180	90	315	118
110	75	200	94	—	—
125	78	225	100	—	—

注：本表摘自 GB 10002.2

第三节　水泥类预制管

水泥类预制管类型很多,有自应力钢筋混凝土管、石棉水泥管、素混凝土管等。其共同优点是耐腐蚀,使用寿命长。但这类管材性脆易断裂、管壁厚、重量大、运输安装不便。水泥混凝土管一般用于流量较大的灌区,压力大的采用钢筋混凝土管,压力小的采用素混凝土管。

一、自应力钢筋混凝土管和预应力钢筋混凝土管

自应力钢筋混凝土管是利用自应力水泥的膨胀力张拉钢筋而产生预应力的钢筋混凝土管。预应力钢筋混凝土管按制造工艺的不同又分为振动挤压(一阶段)工艺管和管芯绕丝(三阶段)工艺管。自应力、预应力钢筋混凝土管均具有良好的抗渗性和耐久性。连接形式采用橡胶圈密封的承插子母口,施工安装比较简单。因受其材料力学性能和制造工艺的限制,自应力钢筋混凝土管适于较小的管径,预应力钢筋混凝土管适于较大的管径。表 6-10至表 6-12列出了自应力钢筋混凝土管和预应力钢筋混凝土管规格,其工作压力和出厂检验压力见表 6-13。

二、石棉水泥管

石棉水泥管以石棉和水泥为原料经制管机制成。与其他水泥混凝土管相比,石棉水泥管具有重量轻、耐腐蚀、承压能力高、便于搬运和铺设、内外壁光滑、切削钻孔加工容易及施工简单等优点。但抗冲击、碰撞能力差、价格稍高。

石棉水泥管有平口和承插口两种,接头也有刚性接头和柔性接头两类。刚性接头常用石棉水泥填缝或素混凝土浇筑而成,或采用环氧树脂和玻璃纤维缠结成为刚性接头。柔性接头,平口管

对接常用管箍带橡胶圈止水,承插口则直接采用橡胶圈止水。我国目前生产的石棉水泥管承压能力较高,主要用于喷灌系统。国家标准 GB 3039—82 石棉水泥输水管见表 6-14,工作压力,试验水压力见表 6-15。

表 6-10　自应力钢筋混凝土管主要规格

公称内径(mm)	100	150	200	250	300	350	400	500	600	800
外径(mm)	150	200	260	320	380	440	490	610	720	960
壁厚(mm)	25	25	30	35	40	45	45	55	60	80
有效长度(mm)	3 000	3 000	3 000	3 000	4 000	4 000	4 000	4 000	4 000	4 000
管体长度(mm)	3 080	3 080	3 080	3 080	4 088	4 088	4 107	4 107	4 117	4 140
参考重量(kg/根)	90	115	180	260	470	615	700	1 070	1 415	2 536

注:本表引自 GB4080-83

表 6-11　预应力钢筋混凝土管(一阶段) 主要规格

公称内径(mm)	400	500	600	700	800	900	1 000	1 200	1 400	1 600	1 800	2 000
壁厚(mm)	50	50	55	55	60	65	70	80	90	100	115	130
参考重量(kg/根)	997	1 218	1 587	1 836	2 286	2 787	3 337	4 569	5 992	7 609	9 840	12 356

表 6-12　预应力钢筋混凝土管(三阶段) 主要规格

公称内径(mm)	400	500	600	700	800	900	1 000	1 200	1 400	1 600	1 800	2 000
有效长度(mm)	5 000	5 000	5 000	5 000	5 000	5 000	5 000	5 000	5 000	5 000	4 000	4 000
管体长度(mm)	5 160	5 160	5 160	5 160	5 160	5 160	5 160	5 160	5 160	5 160	4 170	4 170
参考重量(kg/根)	1 182	1 464	1 890	2 228	2 720	3 289	3 835	5 250	5 847	9 859	9 608	11 893

表 6-13　钢筋混凝土管工作压力和出厂检验压力

	管子级别	工压—4	工压—5	工压—6	工压—8	工压—10	工压—12
自应力管	工作压力(MPa)	0.4	0.5	0.6	0.8	1.0	1.2
	出厂检验压力(MPa)	0.8	1.0	1.2	1.4	1.7	2.0
	管子级别	I		II	III	IV	V
预应力管	工作压力(MPa)	0.4		0.6	0.8	1.0	1.2
	抗渗检验压力(MPa)	0.6		0.9	1.2	1.5	1.8

表 6-14　石棉水泥输水管规格尺寸

公称内径 (mm)	标准长度 (mm)	水 3 车削端 厚度 (mm)	水 3 车削端 外径 (mm)	水 3 参考重量 (kg/m)	水 5 车削端 厚度 (mm)	水 5 车削端 外径 (mm)	水 5 参考重量 (kg/m)	水 7.5 车削端 厚度 (mm)	水 7.5 车削端 外径 (mm)	水 7.5 参考重量 (kg/m)
75	2,3	9	93	5.5	10	95	6.1	11	97	6.6
100	2,3,4	9	118	7.1	10	120	7.8	11	122	8.5
150	2,3,4,5	10	170	11.3	11	172	12.3	14	178	15.4
200	3,4,5	11	222	16.1	12	224	17.4	16	232	22.8
250	3,4,5	13	276	23.1	15	280	26.4	19	288	33.1
300	3,4,5	16	332	23.3	17	334	35.2	23	346	47.2
350	4,5	18	386	43.0	19	388	45.3	27	404	63.6
400	4,5	21	442	56.5	22	444	59.1	30	460	80.3
450	4,5	24	496	69.0	28	506	83.7	33	516	98.6
500	4,5	27	554	89.2	31	562	102.2	38	576	125.5

公称内径 (mm)	标准长度 (mm)	水 9 车削端 厚度 (mm)	水 9 车削端 外径 (mm)	水 9 参考重量 (kg/m)	水 12 车削端 厚度 (mm)	水 12 车削端 外径 (mm)	水 12 参考重量 (kg/m)
75	2,3	11	97	6.6	12	99	7.2
100	2,3,4	11	122	8.5	12	124	9.3
150	2,3,4,5	16	182	17.5	18	186	19.8

续表 6-14

公称内径 (mm)	标准长度 (mm)	水 9			水 12		
		车削端		参考重量 (kg/m)	车削端		参考重量 (kg/m)
		厚度 (mm)	外径 (mm)		厚度 (mm)	外径 (mm)	
200	3,4,5	21	242	29.8	25	250	35.6
250	3,4,5	23	296	40.0	27	304	47.0
300	3,4,5	26	352	57.5	30	360	61.7
350	4,5	30	410	71.0	34	418	80.8
400	4,5	35	470	94.0	40	480	110.7
450	4,5	39	525	117.0	45	540	135.8
500	4,5	48	586	142.0	50	600	166.8

表 6-15　石棉水泥输水管的试验水压和破坏水压

级　别	试验水压 (MPa)	破　坏　水　压　(MPa)						
		75	100	150	200	250	300	350
水 3	0.6	2.74	2.05	1.56	1.37	1.27	1.27	1.27
水 5	1.0	3.72	2.64	2.15	1.76	1.76	1.66	1.56
水 7.5	1.5	4.02	3.13	2.64	2.35	2.25	2.25	2.25
水 9	1.8	5.49	4.31	4.31	4.11	3.62	3.43	3.43
水 12	2.4	5.98	4.60	4.60	4.80	4.21	3.92	3.82

注:本表摘自 GB 3039—82

三、素混凝土预制管

素混凝土管主要特点是价格低廉。虽然素混凝土不能承受很大的压力,但制成的管材可以承受一定的低压水压力,因此仍可用于管灌系统中作为地埋暗管管材。一般每节长 1～2m,采用平口(Ⅰ型)、企口(Ⅱ型)或子母口(Ⅲ型)承插连接。水利部标准 SL/T 98—1994《灌溉用低压输水混凝土管技术条件》中规定的混凝土管尺寸、工作压力和检验压力见图 6-7 和表 6-16,表 6-17。

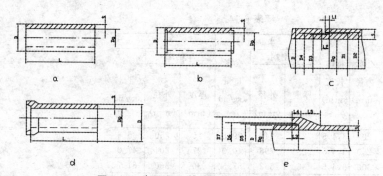

图 6-7　素混凝土管外形及连接尺寸图

a Ⅰ型混凝土管外形；　b Ⅱ型混凝土管外形；　c Ⅱ型混凝土管连接尺寸；

d Ⅲ型混凝土管外形；　e Ⅲ型混凝土管连接尺寸

表 6-16　混凝土管尺寸及参考重量表

内径 D(mm)			100	150	200	250	300	350	400	500	600
内径 Dg(mm)			150	200	260	310	370	430	480	590	700
壁厚 t(mm)			25	25	30	30	35	40	40	45	50
Ⅱ型 (mm)	母口	D_1	—	—	—	—	—	385	435	540	645
		D_2	—	—	—	—	—	388	438	544	649
		L_1	—	—	—	—	—	10	10	15	15
	子口	D_3	—	—	—	—	—	381	431	536	640
		D_4	—	—	—	—	—	383	433	539	643
		L_2	—	—	—	—	—	18	18	24	24
Ⅱ型 (mm)	承口	D_5	152	202	263	313	374	434	484	594	705
		D_6	168	218	279	329	392	452	504	616	729
		D_7	215	265	335	385	455	525	575	695	815
		L_3	50	50	50	50	60	60	70	80	90
		L_4	60	60	65	65	75	75	85	100	120
		L_5	65	65	75	75	85	95	95	105	115

续表 6-16

有效长度 L(mm)		1000	1000	1000	1000	1000	1000	1000	1000	1000
		1500	1500	1500	1500	1500	1500	—	—	—
参考重量(kg/根)	Ⅰ型	26	36	57	69	98	130	147	204	271
		39	55	86	105	147	195	—	—	—
	Ⅱ型	—	—	—	—	—	—	147	204	271
		—	—	—	—	—	—	—	—	—
	Ⅲ型	28	39	62	76	106	142	161	227	303
		41	58	91	111	155	207	—	—	—

表 6-17　　混凝土管压力等级代号及主要参数

压力等级代号	0.5	1.0	1.5	2.0
工作压力(MPa)	0.05	0.10	0.15	0.20
检验压力	0.1	0.2	0.3	0.4
对应最大管径(mm)	600	600	600	350

目前,管道灌溉系统中广泛应用的素水泥预制管材主要以立式挤压制管机作为制管工具,以砂、土、石屑、炉渣等作为主要配料挤压而成的。主要有水泥砂管、水泥砂土管、水泥土管、水泥石屑管、水泥炉渣管等。这类管材配料可就地取材,水泥用量少,造价低廉。各地在研究过程中,生产出了多种规格的低压管材(表 6-18),各种规格管材的材料配比、力学指标及内水爆破压力参考表 6-19 至表 6-26,但是,有些地方为了降低造价而忽视了质量问题,出现了一些渗漏水严重的管道工程,甚至造成工程的报废。为了规范这类管材,水利部 1994 年颁布了行业标准 SL/T 98—1994,见表 6-14 至表 6-15。

表 6-18　水泥预制管材的规格

| 管　材 | 规格（mm） | | | 重量（kg） | 管口形式 |
	内径公差	壁厚及公差	长度及公差		
水泥砂土管	135±2	27±2	980±5	26.8	平口型
	150±2	25±2	980±5	26.8	
	200±3	30±3	980±5	42.3	
	250±3	35±3	980±5	76.0	
水泥砂管	150±2	30±2	1000±5	35.2	子母口型
	200±3	30±3	1000±5	50.0	
	250±3	30±3	1000±5	65.0	
水泥土管	200±3	30±3	1000±5	45.0	平口型
	200±3	35±3	1000±5	52.0	
	250±3	35±3	1000±5	63.0	
	250±3	40±3	1000±5	73.0	
水泥石屑管	150±2	20±2	1000±5	24.5	子母口型
	200±2	30±2	1000±5	43.9	
	300±3	40±3	1000±5	83.3	
水泥炉渣管	150±2	35±3	1000±5	35.0	平口型
	220±3	40±3	1000±5	59.0	
薄壁混凝土管	150±2	20±2	1000±5	43.0	企口型

表 6-19　水泥石屑管材料配比表

材料	配合比（%）	水分含量（%）	水灰比	干容重（t/m³）	备　注
水泥	12～18	6.4～8	0.44 左右	2.2	水泥、石屑百分比为两项重量和之比,水分为占总干料重的百分数
石屑	82～88				

表 6-20　水泥预制管的材料及适宜配比

管材名称	材料 及 配 比							
	水泥 (%)	砂 (%)	土 (%)	石屑 (%)	炉渣 (%)	球形灰 (%)	水 (%)	水灰比(%)
水泥砂土管	15 ～ 18	50	32 ～ 35				7 ～ 9	0.40 ～ 0.50
水泥砂管	20	30		30		20	7.6 ～ 8.0	0.38 ～ 0.40
水泥土管	5 ～ 20		85 ～ 80					
水泥石屑管	12 ～ 18			82 ～ 88			6.4 ～ 8.1	
水泥炉渣管	20				80		9	0.45
薄壁混凝土管	25	40		35			8.75	0.35

表 6-21　水泥砂土管内水爆破压力和抗渗压力

材料配比(%)			内水爆破压力(MPa)			抗渗压 力(MPa)	备注
水 泥	砂	黏 土	7 天	14 天	28 天		
15	50	35	0.079	0.130	0.152	＞ 0.10	425 号水 泥,试件 内径为 135mm, 壁厚 27mm
18	40	42	0.085	0.148	0.185	＞ 0.12	
18	50	32	0.060	0.088	0.162	＞ 0.12	
18	60	22	0.120	0.138	0.173	＞ 0.12	
20	50	30	0.114	0.138	0.263	＞ 0.15	

表 6-22　水泥土管的规格及内水爆破压力

规格(mm)			干容重 (t/m³)	每节管材 重(kg)	每节管材 材料重量(kg)		内水爆破 压力(MPa)
内 径	壁 厚	管 长			水泥	土料	
200	30	1000	1.85	45	7	38	0.16
200	35	1000	1.85	52	8	44	0.18
200	35	1000	1.85	63	10	53	0.10
200	40	1000	1.85	73	11	62	0.16

表 6-23　水泥土管抗压强度与水泥掺量的关系

水泥掺量(%)	8	10	15	20	25
抗压强度(MPa)	6.0	7.0	10.0	13.0	15.0

表 6-24　水泥石屑管强度表

管材规格(mm)			水泥掺量	抗压强度	抗折强度	抗弯强度	备　注
内　径	壁　厚	每节长度	(%)	(MPa)	(MPa)	(MPa)	
200	30	1000	16	14.07	2.11	3.45	龄期
200	30	1 000	18	15.65	2.68	3.79	28天
200	30	1000	20	15.71	2.71	5.01	

表 6-25　水泥炉渣管内水爆破压力

水泥掺量(%)	规格(mm)			内水爆破压力	备　注
	内　径	壁　厚	每节长度	(MPa)	
17	220	40	1 000	0.14	
20	220	40	1 000	0.18	龄期 28 天
23	220	40	1 000	0.24	

表 6-26　薄壁混凝土管配比及内水爆破压力

配合比			每节管材用量			内水爆破压力		备　注
水泥	砂	石屑	水泥 (kg)	砂 (kg)	石屑 (kg)	抗渗 (MPa)	破坏 (MPa)	
1	1.9	1.6	8.5	16.2	13.6	0.08	0.20	管内径 150
1	1.7	1.5	10.2	17.4	15.4	0.20	0.25	mm,壁厚 20
1	1.7	1.4	10.5	18.0	14.5	0.30	0.30	mm,每节管 长 1 500mm

四、混凝土预制管管件

钢筋混凝土管件的制作工艺较复杂,多根据需要现场浇筑。素混凝土管件各地曾有研制,但形成系列产品并批量生产的不多。由于目前没有混凝土管件制作方面的标准可依,制作时可参考有关灌溉用混凝土管国家或行业技术标准要求进行,制作的管件各项性能指标应不低于配套管材的技术要求。

混凝土管件的接口一般做成子母口型的母(承)口,其形状和尺寸可参考 Ⅲ 型混凝土管承口。

第四节　金 属 管

一、钢 管

在管道输水灌溉工程中,钢管常用于水泵的进出水管,阀件连接段等。钢管可分为焊接型钢管和无缝钢管。

(一) 焊接型钢管

焊接型钢管是由卷成管形的钢板以对缝或螺旋缝焊接而成,根据制造条件,常分为低压流体输送用焊接钢管、螺旋缝电焊钢管、直缝卷焊钢管、电焊管等。

焊接钢管是输送低压流体的管道工程常用的一种小直径的管材,管材长度一般为 4～10m,管件配套齐全、连接方便,其中普通管的工作压力为 1.0MPa,规格尺寸见表 6-27。螺旋缝电焊钢管材管径尺寸较大,部分规格见表 6-28。

(二) 无缝钢管

普通无缝钢管分为冷轧(拔)无缝钢管和热轧无缝钢管。在管道工程中,公称直径不小于 50mm 时一般采用热轧无缝钢管;公称直径小于 50mm 时一般采用冷轧(拔)无缝钢管。

表 6-27　低压流体输送用焊接、镀锌焊接钢管规格

公称直径		外径		普通钢管			加厚钢管		
		外径	允许偏差	壁厚		理论重量	壁厚		理论重量
mm	in	（mm）		公称尺寸（mm）	允许偏差	（kg/m）	公称尺寸（mm）	允许偏差	（kg/m）
8	1/4	13.5		2.25		0.62	2.75		0.73
10	3/8	17.0		2.25		0.82	2.75		0.97
15	1/2	21.3		2.75		1.26	3.25		1.45
20	3/4	26.8	±0.5%	2.75	+12% −15%	1.63	3.50	+12% −15%	2.01
25	1	33.5		3.25		2.42	4.00		2.91
32	1.25	42.3		3.25		3.13	4.00		3.78
40	1.5	48.0		3.50		3.84	4.25		4.58
50	2	60.0		3.50		4.88	4.50		6.16
65	2.5	75.5		3.75		6.64	4.50		7.88
80	3	88.5		4.00		8.34	4.75		9.81
100	4	114.0	±1.0%	4.00	+12% −15%	10.85	5.00	+12% −15%	13.44
125	5	140.0		4.50		15.04	5.50		18.24
150	6	165.0		4.50		17.81	5.50		21.63

注：本表摘自 GB 3092—82、GB 3091—82。

表 6-28　螺旋缝自动埋弧焊接钢管直径与壁厚

公称直径（mm）	200	225	250	300	350	400	500
外径（mm）	219	245	273	325	377	426	529
壁厚（mm）	6～9	6～9	6～9	6～9	6～10	6～13	6～13

二、铸　铁　管

　　铸铁管比钢管耐锈蚀，比普通塑料管外刚度大，承压能力强，在管道灌溉工程中经常用于流量、压力较大，外刚度要求高的场合。铸铁管按其制造方法不同分为砂型离心铸铁直管和连续铸铁

直管。砂型铸铁直管按材质分为灰口铸铁管、球墨铸铁管和高硅铸铁管。

(一) 连续铸铁直管

连续铸铁管直管即连续铸造的灰口铸铁管,按其壁厚不同分为 LA、A 和 B3 级。规格见表 6-29。

表 6-29　连续铸铁管直管壁厚、重量

公称直径 (mm)	外径 (mm)	壁厚 (mm)			承口凸部重量 (kg)	直部(kg/m)			管子总重量 (kg/节)								
									有效长度 4000mm			有效长度 5000mm			有效长度 6000mm		
		LA级	A级	B级		LA级	A级	B级	LA级	A级	B级	LA级	A级	B级	LA级	A级	B级
75	93.0	9.0	9.0	9.0	6.66	17.1	17.1	17.1	75.1	75.1	75.1	92.2	92.2	92.2			
100	118.0	9.0	9.0	9.0	8.26	22.2	22.2	22.2	97.1	97.1	97.1	119	119	119			
150	169.0	9.0	9.2	10.0	11.43	32.6	33.3	36.0	142	145	155	174	178	191	207	211	227
200	220.0	9.2	10.1	11.0	15.6	43.9	43.0	52.0	191	208	224	235	256	276	279	304	328
250	271.0	10.0	11.0	12.0	23.06	59.2	64.8	70.5	260	282	305	319	347	376	378	412	446
300	322.8	10.8	11.9	13.0	28.30	76.2	83.7	91.1	333	363	393	409	447	484	468	531	575
350	374.0	11.7	12.8	14.0	34.01	95.9	104.6	114.0	418	452	490	514	557	604	609	662	718
400	425.6	12.5	13.8	15.0	42.31	116.8	128.5	139.3	510	556	600	626	685	739	743	813	878
450	476.8	13.3	14.7	16.0	50.49	139.4	153.7	166.8	608	665	718	747	819	884	887	973	1050
500	528.0	14.2	15.6	17.0	62.10	165.0	180.8	196.5	722	785	848	887	996	1040	1050	1150	1240
600	630.8	15.8	17.4	19.0	83.53	219.8	241.4	262.9	963	1050	1140	1180	1290	1400	1400	1530	1650
700	733.0	17.5	19.3	21.0	110.79	283.2	311.6	338.2	1240	1360	1460	1530	1670	1800	1810	1980	2140
800	836.0	19.2	21.1	23.0	139.64	354.7	388.9	423.0	1560	1700	1830	1910	2080	2250	2270	2470	2680
900	939.6	20.8	22.9	25.0	176.79	432.0	474.5	516.9	1900	2070	2240	2340	2550	2760	2770	3020	3280
1000	1041	22.5	24.8	27.0	219.98	518.4	570.0	619.3	2290	2500	2700	2810	3070	3320	3330	3640	3940
1100	1144	24.2	26.6	29.0	268.41	613.0	672.3	731.4	2720	2960	3190	3330	3630	3930	3950	4300	4660
1200	1246	25.8	28.4	31.0	318.51	712.0	782.2	852.0	3170	3450	3730	3880	4230	4580	4590	5010	5430

(二) 砂型离心铸铁直管

砂型离心铸铁直管的材质为灰口铸铁管,按其壁厚不同分为 P、G 两级。规格见表 6-30。

表 6-30   砂型离心铸铁直管的管径、壁厚、重量

公称直径 (mm)	壁厚 (mm)		内径 (mm)		外径 (mm)	总重量				承口凸部重量	插口凸部重量	直部重量 (kg/m)	
						有效长度 5000mm		有效长度 6000mm					
	P级	G级	P级	G级	D2	P级	G级	P级	G级	kg	kg	P级	G级
200	8.8	10.0	202.4	200	220.0	277.0	254.0			16.3	0.382	42.0	47.5
250	9.5	10.8	252.6	250	271.6	303.0	340.0			21.3	0.626	56.5	63.7
300	10.0	11.4	302.8	300	322.8	381.0	428.0	452.0	509.0	26.1	0.741	70.8	80.3
350	10.8	12.0	352.4	350	374.0			566.0	623.0	32.6	0.857	88.7	98.3
400	11.5	12.8	402.6	400	425.6			687.0	757.0	39.0	1.460	107.7	119.5
450	12.0	13.4	452.4	450	476.8			806.0	892.0	46.9	1.640	126.2	140.5
500	12.8	14.0	502.6	500	528.0			950.0	1030	52.7	1.810	149.2	162.8
600	14.2	15.6	602.4	599.6	630.8			1260	1370	68.8	2.160	198.0	217.1
700	15.5	17.1	702.0	698.8	733.0			1600	1750	86.0	2.510	251.6	276.9
800	16.8	18.5	802.6	799.0	838.0			1980	2160	109.0	2.860	311.3	342.1
900	18.2	20.0	902.6	899.0	939.0			2410	2630	136.0	3.210	379.1	415.7
1000	20.5	22.6	1000.0	955.8	1041.0			3020	3300	173.0	3.550	473.2	520.6

(三) 球墨铸铁管

球墨铸铁管与灰口铸铁管相比有较高的强度,较好的耐磨性和韧性,因而可用在水压较高的地方。规格及性能见表 6-31。

表 6-31   球墨铸铁承插直管规格及性能

公称直径 (mm)	壁厚 (mm)	有效长度 (mm)	制造方法	技术性能	直部每米重(kg)	每根管总重(kg)
500	8.5			试验水压力:3.0MPa	99.2	650
600	10			抗拉强度:	139	905
700	11		离心铸造		178	1160
800	12	6000		3.0 ~ 5.0MPa	222	1440
900	13			延伸率:2% ~ 8%	270	1760
1000	14.5			(经淬火后	334	2180
1200	17		连续铸造	可达 5% 以上)	469	3060

(四) 排水铸铁管

排水铸铁管(GB 8716/88)一般由灰口铁铸造,为承插式,多

作为自流式排水管,也可用于低压管道灌溉,试验水压力一般不大于 0.1MPa。直径、壁厚、重量见表 6-32。

表 6-32　排水直管的壁厚及重量

公称口径	外径	壁厚	承口凸部门重量 (kg)		插口部门重量	直部每米重量	有效长度(mm)								总长度(mm)	
			A型	B型			500		1000		1500		2000		1830	
							总重量(kg)									
mm	mm	mm			kg/m	kg	A型	B型	A型	B型	A型	B型	A型	B型	A型	B型
50	59	4.5	1.13	1.18	0.05	5.55	3.96	4.01	6.73	6.78	9.51	9.56	12.88	13.33	10.89	11.03
75	85	5.0	1.62	1.70	0.07	9.05	6.22	6.30	10.74	10.82	15.27	15.35	19.79	19.87	17.62	17.70
100	110	5.0	2.33	2.45	0.14	11.88	8.41	8.53	14.35	14.47	20.29	20.41	26.23	26.35	23.32	23.44
125	136	5.5	3.02	3.16	0.17	16.24	11.31	11.45	19.43	19.57	27.55	27.69	35.67	35.81	31.61	31.75
150	161	5.5	3.99	4.19	0.20	19.35	13.87	14.07	23.54	23.74	33.22	33.42	42.89	43.09	37.96	38.16
200	212	6.0	6.10	6.40	0.26	27.96	20.34	20.64	34.32	34.62	48.30	48.60	62.28	62.58	54.87	55.17

三、钢管及铸铁管的连接件

钢管可采用焊接、法兰连接和螺纹连接。一般公称直径小于 50mm 者可采用螺纹连接,有相应的连接管件可供选用;对公称直径不小于 50mm 者,为了与水表、闸阀等管件连接可采用法兰连接。

铸铁管一般采用承插连接,用橡胶圈密封止水(柔性连接)或用石棉水泥填塞接缝止水(刚性连接)。分水、转弯、变径等均有相应管件可供选择。

第五节　软　质　管

在半固定式或移动式管道输水灌溉系统中,需要用移动管道。移动管道通常采用轻便柔软易于盘卷的软质管,也有采用薄壁铝管、薄壁钢管等轻便硬质管材的。本节仅介绍常用的软质管。

软管按其生产材料可分为薄膜塑料软管、涂料软管、双壁加线塑料软管、涂胶软管、橡胶管、橡塑管等,管道灌溉系统中用的最多的是聚乙烯薄膜塑料软管和涂塑软管。

一、聚乙烯塑料软管

聚乙烯塑料软管也称聚乙烯薄膜塑料软管,在低压管道输水灌溉系统中应用的聚乙烯塑料软管主要是线性低密度聚乙烯塑料软管(LLDPE 塑料软管)。它是以 LLDPE 树脂为主体,加入适量的其他高分子材料经吹塑成型制造而成。LLDPE 塑料软管不仅用于地面移动输水灌溉,也作为地埋外护圬工管的防渗内衬材料。

LLDPE 塑料软管目前还没有统一的国家标准,水利部门会同有关塑料厂家,结合地面低压管道输水灌溉的特点研制开发出 LLDPE 塑料软管。其部分规格见表 6-33。

表 6-33 LLDPE 塑料软管的规格

折径 (mm)	直径 (mm)	壁厚(mm)		单位长度重量(m/kg)		单位重量长度(m/kg)	
		轻型	重型	轻型	重型	轻型	重型
80	51	0.20	0.30	0.029	0.044	34.0	22.0
100	64	0.25	0.35	0.046	0.064	21.0	25.6
120	76	0.30	0.40	0.066	0.088	15.0	11.4
140	89	0.30	0.40	0.077	0.105	13.0	9.5
160	102	0.30	0.45	0.088	0.118	11.4	8.5
180	115	0.35	0.45	0.116	0.149	8.6	6.7
200	127	0.35	0.45	0.128	0.165	7.8	6.1
240	153	0.4	0.50	0.176	0.220	5.7	4.5
280	178		0.50		0.258		3.9
300	191		0.50		0.276		3.6
320	204		0.50		0.293		3.4
400	255		0.60		0.412		2.4
500	318		0.70		1.280		0.8
600	382		0.70		0.420		0.7

注:表中壁厚供参考,不同厂家生产的同一折径的管材壁厚不尽一致

力学性能指标一般要求:①拉伸强度(纵、横向)不小于

20MPa；②断裂伸长率不小于600％；③直角撕裂强度（纵、横向）不小于10MPa；④折边横拉强度不小于20MPa。

二、涂塑软管

涂塑软管是用锦纶纱、维纶纱或其他强度较高的材料织成管坯，内外壁或内壁涂敷聚氯乙烯（PVC）或其他塑料制成。根据管坯材料的不同，涂塑软管分为锦纶塑料软管、维纶塑料软管等种类。涂塑软管具有质地强、耐酸碱、抗腐蚀、管身柔软、使用寿命长、管壁较厚等特点，使用寿命可达3～4年。管材规格见表6-34，应用时，可根据设计工作压力从表中选择。选择时要求表面化光滑平整，没有断线、抽筋、松筋、内外槽、脱胶、气孔和涂层杂质等缺陷；管壁厚应均匀，其厚薄比不得超过4∶3。必要时还应根据表6-35耐压试验要求进行压力试验。

表 6-34　涂塑软管的规格

内径（mm）		工作压力（MPa）				长度（m）
基本尺寸	极限偏差					
25		0.8	0.6			
40	±1.0	0.8	0.6	0.4		
50		0.8	0.6	0.4	0.3	
65		0.8	0.6	0.4	0.3	
75		0.8	0.6	0.4	0.3	200±0.20
80		0.8	0.6	0.4	0.3	
90	±1.5		0.6	0.4	0.3	
100			0.6	0.4	0.3	
125				0.4	0.3	
150	±2.0			0.4	0.3	

注：本表摘自 GB 9476—88。

表 6-35　涂塑软管的耐压试验压力

工作压力（MPa）	0.3	0.4	0.6	0.8
耐压试验压力（MPa）	0.9	1.3	1.8	2.5

第七章　管道附属设施

第一节　给水装置

一、概　述

(一)给水装置

给水装置是连接三通、立管、给水栓(出水口)的统称。通常所说的给水装置一般是指给水栓(或出水口)。出水口是指把地下管道系统的水引出地面进行灌溉的放水口,一般不能连接地面移动软管;给水栓是能与地面移动软管连接的出水口。给水装置有多种分类方法,本书按阀体结构形式分类进行介绍。

(二)选用给水装置的原则

①首先应选用经过专家鉴定并定型生产的给水装置。

②根据设计出水量和工作压力,选择的规格应在适宜流量范围内、局部水头损失小且密封压力满足系统设计要求的给水装置。

③在低压管道灌溉系统中,给水装置用量大、使用频率高、有时还需要长期置于田间,因此在选用时还要考虑耐锈蚀、操作灵活、运行管理方便等因素。

④根据是否与地面软管连接来选择给水栓或出水口;根据保护难易程度选择移动式、半固定式或固定式。

二、移动式给水装置

移动式给水装置也称分体移动式给水装置,由上、下栓体两大部分组成。其特点是密封部分在下栓体内,下栓体固定在地下管道的立管上并配有保护盖,出露在地表面或地下保护池内。系统运行时不需停机就能启闭给水栓、更换灌水点。上栓体可移动式使用,同一管道系统只需配 2～3 个上栓体,投资较省。上栓体的作用是控制给水、出水方向。

（一）G1Y1、G1Y3-H/L 型平板阀移动式给水栓

图 7-1 所示的 G1Y1、G1Y3-H/L 型平板阀移动式给水栓由上、下栓体两大部分组成,另配有下栓体保护盖、专用扳手等。外形及连接尺寸和主要性能参数见表 7-1 和表 7-2。

主要特点:上下栓体、阀瓣组装采用快速旋紧锁口连接,并用同一密封胶垫止水,整体结构简单,密封胶垫断面为〖形,内、外力相结合止水,操作杆与上栓壳间利用填料止水,密封性好,整体密封压力高。水头损失小,局部阻力系数为 1.52～2.02。下栓体材料为铸铁,并配有保护盖,耐锈蚀,牢固耐用,易保护。上栓体材料为铸铝,重量轻,移动使用方便,可多向给水,一般一个系统配 2～3 个上栓体,投资省。易损件少,运行费用低。G1Y3-H/LⅢ型和 Ⅳ 型上栓体出水口为快速接头式,连接地面软管更加方便。G1Y1、G1Y3 型系列给水栓不但适宜于平原井灌区,而且适宜于引黄、水库自流和扬水站等灌区。

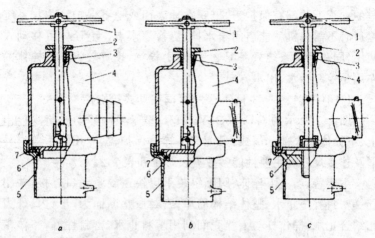

图 7-1　G1Y1、G1Y3-H/L 型平板阀移动式给水栓

a G1Y1-H/LⅡ型　b G1Y3-H/LⅢ型　c G1Y3-H/LⅣ型

1.阀杆；2.填料压盖；3.填料；4.上栓壳；5.下栓壳；6.阀瓣；7.密封胶垫

表 7-1　G1Y1、G1Y3-H/L 型平板阀移动式给水栓主要外形及连接尺寸

型号	公称压力 (Mpa)	公称直径 (mm)	尺寸(mm)							重量(kg)		备注
			D	d	H	h₁	h₂	δ₁	δ₂	上栓体	下栓体	

型号	公称压力 (Mpa)	公称直径 (mm)	D	d	H	h_1	h_2	δ_1	δ_2	上栓体	下栓体	备注
G1Y1-H/L Ⅱ	0.25～0.4	75	75	50,63	345	150	95	4	5	1.8	3.75	D为下栓体进水口内径，d为上栓体出水口快速接头外径，H为上、下栓体连接后关闭时的总高度，h_1为上栓体的高度，h_2为下栓体的高度，δ_1为上栓体最小壁厚，δ_2为下栓体最小壁厚
		90	90	63,75	370	165	105	4	5	2.2	5	
		110	110	75	405	185	120	4	5	2.75	6	
		125	125	75	420	200	120	4	5	3.15	7.25	
		160	160	90,110	475	225	150	4	5	6	10.2	
G1Y3-H/L Ⅲ	0.25～0.4	75	75	50,63	345	150	95	4	5	1.9	3.75	
		90	90	63,75	370	165	105	4	5	2.25	5	
		110	110	63,75	405	185	120	4	5	2.85	6	
		125	125	75,90	420	200	120	4	5	3.3	7.25	
		160	160	90	475	225	150	4	5	6.8	10.2	
G1Y3-H/L Ⅳ	0.6～1.0	75	75	50,63	330	130	100	4	5	1.9	4.5	

(二)G2Y1-G 型平板阀移动式给水栓

如图 7-2 所示，G2Y1-G 型给水栓由上、下栓体两大部分组

成、上、下栓体用钢管或钢板卷焊而成,阀瓣用铸铁,下栓体配有铸铁保护盖和专用扳手。主要性能参数见表7-3。

　　该型给水栓结构简单,造价低,操作灵活;外力止水,密封性能好;水头损失小;上栓体可多向给水,移动式使用。为节省投资,一个系统一般配2～3个上栓体;但上栓体较重,移动使用不太方便。

表7-2　G1Y1、G1Y3-H/L型平板阀移动式给水栓主要性能参数

型　　号		G1Y1-H/LⅡ		G1Y3-H/LⅢ		G1Y3-H/LⅣ	
公称直径(mm)		75,90,110,125,160				75	
公称压力(Mpa)		0.25,0.4				0.6,1.0	
密封压力(MPa)	下体	0.25	0.4	0.25	0.4	0.6	1
	上体	0.1	0.25	0.1	0.25	0.25	0.25
工作压力(MPa)	下体	≤0.25	≤0.4	≤0.25	≤0.4	≤0.6	≤1.0
	上体	≤0.1	≤0.25	≤0.1	≤0.25	≤0.25	≤0.25
适用温度(℃)		−25～60					
局部阻力系数ξ		1.52～2.02		1.52～2.02		5.76	

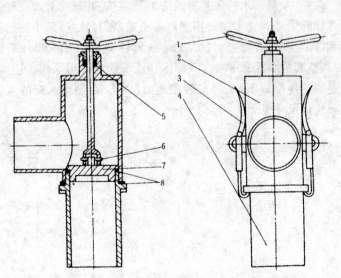

图7-2　G2Y1-G型平板阀移动式给水栓

1.阀杆;　2.上栓壳;　3.连接装置;　4.下栓壳;　5.填料;　6.销钉;　7.阀瓣;　8.密封胶垫

表 7-3 G2Y1-G 型给水栓主要性能参数

规　格	尺寸(mm)		适宜流量	重量(kg)		配套软管折径	局部阻力系数
	进口	出口	(m³/h)	上栓体	下栓体	(mm)	ξ
φ80	80	80	25 ~ 40	4	3	120	1.50 ~ 2.00
φ100	100	100	30 ~ 50	5.5	4.5	180	
φ150	150	150	80 ~ 100	10	5		

(三)G1Y5-S 型球阀移动式给水栓

G1Y5-S 型球阀移动式给水栓分为图 7-3 所示的 A 型和 B 型。A 型给水栓由 ABS 工程塑料制成,B 型给水栓由 PVC 塑料制成。上、下栓体采用组装形式,结构合理,连接方便,集给水、进排气于一体,可一阀多用;具有重量轻,造价低,上栓体移动使用方便的特点;可进行工厂化生产,产品质量稳定可靠,外形美观,便于推广应用。但是耐老化性能较差。

此外,A 型给水栓还具有良好的低温抗冲击性,表面硬度及耐磨性好的优点。止水阀采用塑料浮子式,密封性好,最小密封压力为 5KPa,工作压力为 0.20MPa;水力性能好,局部阻力系数为1.23;整套给水栓重 876g;下栓体与地下管道采用承插式连接,既可安装在地面以下,又可安装在地面以上。A 型给水栓的主要外形和连接尺寸见表 7-4。

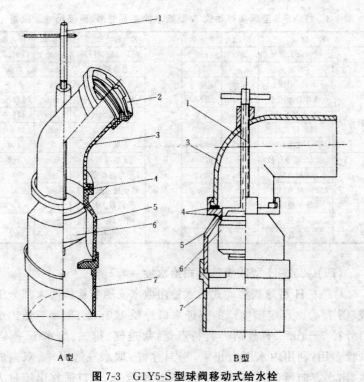

A型　　　　　　　　　　B型

图 7-3　G1Y5-S 型球阀移动式给水栓

1.操作杆；　2.快速接头；　3.上栓壳；　4.密封胶圈(垫)；　5.下栓壳；　6.浮子；　7.连接管

表 7-4 G1Y5-S 型球阀移动式 A 型给水栓主要外形、连接尺寸及重量

名 称		单 位	参 数	名 称		单 位	参 数
快速接头	径向最大尺寸	mm	110	下栓壳	下口内、外径	mm	110、120
	重量	g	88		上口断面积	cm²	43.0
上栓壳 操作杆	半径（中线）	mm	55		腔内最小过水面积	cm²	43.8
	轴向最大尺寸	mm	177		径向最大尺寸	mm	120.0
	操作杆长度	mm	300		轴向最大尺寸	mm	125.0
	操作杆直径	mm	12		重量	mm	264.0
	重量	g	224	连 接 管	下端口内径	g	110
浮子	最大、最小外径	mm	80,68		下端口外径	mm	118
	密封直径	mm	78.9		浮子定向棱断面积	cm²	3
	轴向最大尺寸	mm	80		最小过水断面积	cm²	92
	最小壁厚	mm	3		径向最大尺寸	mm	130
	体积	cm²	314.2		轴向最大尺寸	mm	110
	重量	g	100		重量	g	200

(四)G2Y5-H 型球阀移动式给水栓

G2Y5-H 型球阀移动式给水栓由取水三通和栓体两大部分组成(图 7-4)。已定型生产的有进水口外径 110mm、取水三通出水口外径 72mm 一种规格。其特点是：集进气、排气、给水于一体，一栓多用；利用内水压力止水，密封性好；取水三通可单、双向放水，出水方向可任意调整，也可连接地面软管，单口适宜出流量为 $17 \sim 26m^3/h$，取水三通移动使用，每个系统只需配备 2～3 个即可，投资省；整体结构简单，加工制作方便，易工厂化生产，造价低；取水三通重量较大，移动使用不便。

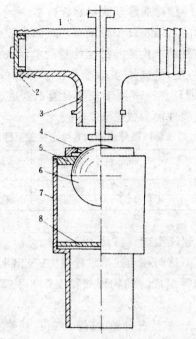

图 7-4　G2Y5-H 型球阀移动式给水栓

1.推球杆；　2.堵盖；　3.取水三通；4.取水(进、排气)口；
5.顶盖；　6.球阀；7.栓壳；　8.球栅

工作原理：① 系统在非运行情况下,球阀因自重落在栓腔底部球栅上；② 开机时,管内空气由进排气口排出,随着管内充水,球阀在浮力作用下升至进排气口,在内水压力作用下密封出水口；③ 灌水时,把取水三通旋接在栓顶盖上,取水三通下部的推球网或推球杆将球阀顶开,给水栓开启；④ 停水时,旋下取水三通,球阀靠内水压力将出水口密封；⑤ 停机时,管内水回流,球阀随管内水面下降而下落,使空气进入管内,破坏了因管道水回流而产生的真空现象。

(五)G3Y5-H 型球阀移动式给水栓

图 7-5 所示的 G3Y5-H 型球阀移动式给水栓由上、下栓体、保护盖等组成。这种给水栓整体结构比较简单，耐锈蚀；出水方向可任意调整，使用方便；上栓体移动式使用，投资较低；地下部分需现场浇筑，施工周期较长。多用于预制混凝土管道或现场浇筑混凝土管道系统。主要性能参数见表 7-5。

表 7-5 G3Y5-H 型球阀移动式给水栓主要性能参数

重量(kg)		进出口尺寸(mm)		适宜流量	局部阻力
上 体	下 体	进 口	出 口	(m³/s)	系数 ξ
1.53	10.0	13.0	200	100	30～60

(六)G2Y5-S/H 型球阀移动式给水栓

G2Y5-S/H 型球阀移动式给水栓由 PVC 出水弯头、铸铁连接管和混凝土球室等组成。结构形式见图 7-6，主要性能参数见表 7-6。

(1) 主要特点 具有自动进(排)气、自动关闭、给水、超压保护等多种功能；整体结构简单，制作容易，造价较低；内力止水，密闭性好；适宜流量范围大；出水弯头重量轻，移动使用方便；耐老化性差。

(2) 功能与工作原理 ①排气。管道充水前，球阀因自重落在球室底栅上；管道充水时，随着管内水的逐渐增加，管道内的空气从出水口排出；球室内空气排完后，球随水面上升自动浮至密封口环，并在内水压力的作用下密封出水口。②给水。灌水时，将出水弯头插入密封口环内旋紧，球被推球架推离密封口环，地下管道中的水经出水弯头流出。③进气。停机时，球随着管道内水的回流而脱离密封口环，使空气进入管道内破坏管内真空。④超压保护。球阀由橡胶材料制成，其体积随充气压力在一定范围内变化。利用橡胶的这一特性，根据管道系统的最大允许工作压力，确定球阀在管内水压力作用下从密封口环内弹出时的充气压力。当管道内的水压超过系统最大允许工作压力时,球从位置较低的未安出水弯头的出水口密封口环内弹出,管内水排出,管道压力降低,起到保护管道作用。但超压保护有滞后现象,并受橡胶球阀充气压力和老化程度影响较大。

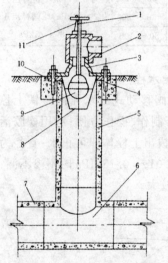 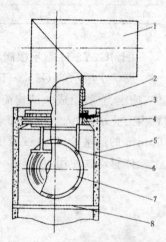

图 7-5　G3Y5-H 型球阀移动式给水栓　　图 7-6　G2Y5-S/H 型球阀移动式给水栓

1.操作杆;　2.上栓壳;　3.下栓壳;　4.预埋　　　1.出水弯头;　2.联接管;　3.密封螺栓;

5.立管;　6.三通;　7.地下管道;　8.球篮;　　　　　8.胶垫;　4.密封口环;　5.球室;

9.球阀;　10.底盘;　11.固定挂钩　　　　　　　　6.支架;　7.球阀;　8.拦球栅

表 7-6 G2Y5-S/H 型球阀移动式给水栓主要性能参数

公称直径 （mm）	出水弯头 内径 （mm）	球室内径 （mm）	球阀充气 后的外径 （mm）	适宜流量 （m³/h）	备 注
75	75	130	100	10～30	φ160 给水栓局部阻力系
100	100	165	125	30～60	数为 3.47,最小密封压力
125	125	210	160	60～80	为 2～3kPa,球阀弹出压
160	160	260	185	80～100	力为 68～73kPa

(七)G2Y2-H 型平板阀移动式给水栓

图 7-7 所示的 G2Y2-H 型平板阀移动式给水栓由铸铁上栓体、插座、立管组成。结构简单,易于制作、操作方便;利用橡胶活舌内力止水,插入上栓体即可出水,拔出上栓体即可止水;直径为 60mm 的给水栓,内水试验压力为 0.01～0.15MPa 时不渗不漏;上栓体移动式使用,投资省,但重量较大。

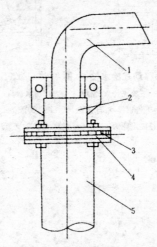

图 7-7 G2Y2-H 型平板阀移动式给水栓

1.上栓体; 2.插座; 3.密封胶垫; 4.橡胶活舌; 5.立管

三、半固定式给水装置

半固定式给水装置的特点是集密封、控制给水于一体,有时密封面也设在立管上栓体与立管螺纹连接或法兰盘接处,非灌溉期可以卸下,在室内保存;同一灌溉系统计划同时工作的出水口必须在开机运行前安装好栓体,否则更换灌水点时需停机;同一灌溉系统也可按轮灌组配备,通过停机轮换使用,不需每个出水口配一套。

(一)G3B1-H 型平板阀半固定式给水栓

图 7-8 所示的 G3B1-H 型平板阀半固定式给水栓由栓壳和用灰铁铸造的顶盖组合而成。结构简单,整体性好,重量轻,造价低(每件 40 元左右);外力止水,密封效果好;启闭灵活,操作方便,可以通过螺杆调控出水流量;水力性能好,易损件少,坚固耐用;易于拆卸,维修方便。

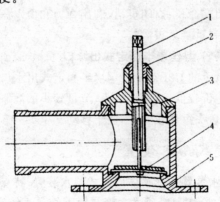

图 7-8　G3B1-H 型平板阀半固定式给水栓

1.螺杆;　2.填料压盖;　3.顶盖;

4.阀瓣;　5.栓壳

进出口内径为 53mm 的给水栓,阀门开启最大,分流比为 1 时的局部阻力系数为 1.595(含立管三通),适宜流量为 $10 \sim 20 m^3/h$。

(二)G2B1-H(G) 型平板阀半固定式给水栓

G2B1-H(G) 型平板阀半固定式给水栓由上、下栓体两大部分组成,A 型材料用铸铁,B 型材料用钢管或铸铁(图 7-9)。结构简单,制作方便,造价低;外力止水,密封压力高;操作杆与阀瓣利用活动接头连接,启闭时阀瓣只做上、下运动而不磨损胶垫。A 型给水栓,出水口直径为 $50 \sim 160 mm$ 的局部阻力系数为 $1.0 \sim 1.8$。B 型给水栓,操作杆采用梯形螺纹,启闭速度快。进、出水口外径分别为 10mm、87mm 的给水栓单口适宜流量为 $36 \sim 48 m^3/h$。

(三)G2B3-H 型平板阀半固定式给水栓

G2B3-H 型平板阀半固定式给水栓结构形式见图 7-10,其铸铁法兰立管上部扩口与栓壳连接,栓壳内有阀瓣和阀杆相连。结构比较复杂、笨重,移动使用不方便;双向出水,局部水头损失小;坚固耐用,使用寿命长;启闭灵活,利用弹力和内水压力止水,密封性能好。规格和重量见表7-7。

(四)C2B7-H 型丝堵半固定式出水口

图 7-11 所示的 C2B7-H 型丝堵半固定式出水口结构简单,安装制作方便,造价较低,适用于压力、流量较小的灌溉系统;公称直径大的出水口弯头重量较大,不便于移动。

四、固定式给水装置

固定式给水装置亦称整体固定式给水装置,特点是集密封、控制给水于一体;栓体一般通过立管与地下管道系统牢固地结合在一起,不能拆卸;同一系统的每一个取水口必须安装一套给水装置,投资相对较大。

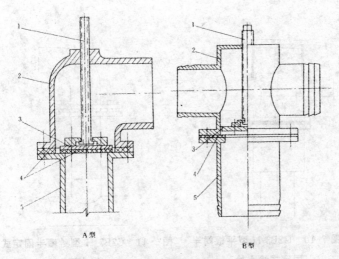

图 7-9　G2B1-H(G) 型平板阀半固定式给水栓

1.操作杆；　2.栓壳；　3.阀瓣；　4.密封胶垫；　5.法兰管

表 7-7　G2B3-H 型平板阀半固定式给水栓的规格

进口／出口内径 （mm）	重量 （kg）	进口／出口内径 （mm）	重量 （kg）
100/75	22.0	125/100	34.0
100/100	33.0	150/100	34.5

(一)C2G7-S/N 型丝盖固定式出水口

图 7-12 所示的 C2G7-S/N 型丝盖固定式出水口结构简单，取材方便，放水管用铸铁、立管用双层塑料软管制成；易加工，造价低；便于保护；适宜于压力、流量较小的灌溉系统；需现场浇筑，施工周期较长。

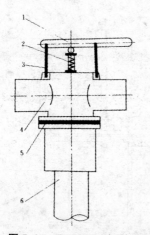

图 7-10　G2B3-H 型平板阀半
固定式给水栓

1.操作杆；　2.弹簧；　3.固定挂钩；
4.栓壳；　5.密封胶垫；　6.法兰立管

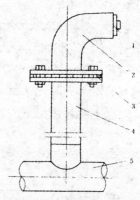

图 7-11　C2B7-H 型丝堵半固定式
出水口

1.丝堵；　2.弯头；　3.密封胶垫；
4.法兰立管；　5.地下管道

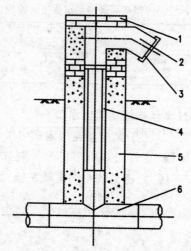

图 7-12　C2G7—S/N 型丝盖固定式出水口

1.砌砖；　2.放水管；　3.丝盖；　4.立管；　5.混凝土固定墩；　6.硬 PVC 三通

(二)C7G7-N 型丝盖固定式出水口

图 7-13 所示的 C7G7-N 型丝盖固定式出水口有内丝盖和外丝盖两种形式。主要与混凝土预制管道配合使用,结构简单,取材方便,制作容易,造价低;适宜于压力、流量较小的灌溉系统,可连接软管;φ100mm 出水口的局部阻力系数为 0.40;重量较大,移动运输不方便。

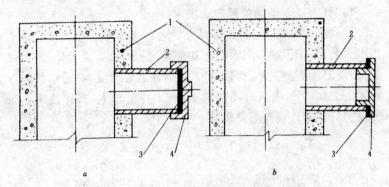

图 7-13　C7G7-N 型丝盖固定式出水口

a 外丝盖式;　b 内丝盖式

1.混凝土立管;　2.出水横管;　3.密封胶垫;　4.止水盖

(三)G2G1-S 型平板阀固定式给水栓

结构形式见图 7-14。法兰盘外套管与立管承插连接,升降管在外套管内上下滑动,并由法兰处的双层橡胶圈止水。给水栓的外套管可以自由转动,灌水方向可任意调节;非灌溉季节给水栓处在地面以下,减轻了人为和自然等因素的损坏,适用于一般旱作物井灌区。主要性能参数见表7-8。

1. **工作原理**　利用内水压力克服升降管的自重、套管间的摩擦力以及冲土帽上部土体的阻力,推动升降管从地下升出地面,人工控制灌水。

2. **工作过程**　非灌溉季节,自动升降式给水栓的升降管在地面以下 30cm 处;灌水时,开动水泵输水后,外套管与升降管之间有一定的水量渗出,浸润、冲蚀周围土壤,减轻了升降管的上升阻力,在水压力作用下,升降管克服自重、套管之间的摩擦力以及冲土帽上部土体的阻力,从地面以下 30cm 处升出地面;此时,升降管底部的密封胶圈因内水压力而封闭,套管与升降管间渗水停止;人工接上出水嘴;打开阀门,即可供水;停水时,关闭阀门,取下出水嘴;停机时,管道水倒流产生一定负压,升降立管借助自重及负压回落地面以下,如未降落到地下 30cm 处,可人工推下。

(四)C2G7-S 型丝盖固定式出水口

　　结构形式见图 7-15,其材料主要为 PVC 塑料。主要特点是不影响机耕,易于保护,不锈蚀;结构简单,易于装卸,造价低;密封性能好,局部水头损失小;可以 360° 方向任意旋转浇地;给水栓埋设在 40cm 的地下,灌溉时需挖填土方,工作量较大,操作使用不很方便。其主要性能参数见表 7-9。

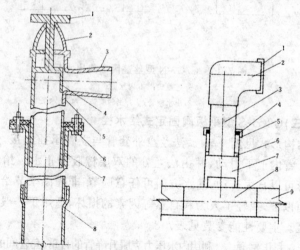

图 7-14 G2G1-S 型平板阀固定式给水栓　**图 7-15 C2G7-S 型丝盖固定式出水口**

1.开关手轮; 2.冲土帽; 3.出水嘴;　　　　1.出水口盖; 2.出水弯头; 3.升降立管;
4.阀门; 5.升降管; 6.双层橡胶圈;　　　4.密封胶圈; 5.管箍; 6.限制环;
7.外套管; 8.立管　　　　　　　　　　7.固定套管; 8.连接三通; 9.地下管道

表 7-8　G2G1-S 型平板阀固定式给水栓主要性能参数

项　目	参　数	项　目		参　数
升降管直径(mm)	75	灌溉工作压力(KPa)		6～15
出水嘴直径(mm)	62.5	顶出压力 (KPa)	一般	40
配套地埋管直径 (mm)	100～125		最大	70
总水头损失系数	1.938	顶部最大埋深(mm)		300
单口出水量(m³/h)	18～30	顶出时间(s)		<300
顶出过程中单个出 口底部出水量(m³/h)	<2.0	重量(kg)	竖管部分	2.0
			总重	3.5

表 7-9　C2G7-S 型丝盖固定式出水口主要性能参数

项　目	参数	项　目	参数	项　目	参数
升出后总高度(cm)	120	出水口直径(mm)	90～110	人工提升力(Pa)	≤50
降下后总高度(cm)	80	单口出水量(m³/h)	20～40	工作行程(mm)	400
配套地埋管直径(mm)	90～160	灌溉工作压力(kPa)	6～40	顶部最大埋深(mm)	400

(五)C2G1-G 型平板阀固定式出水口

结构形式如图 7-16 所示。为便于保护,出水口的外部常设预制混凝土保护罩。主要特点是结构简单,易于加工制作,安装、操作方便,造价低;坚固耐用,保护性好;外力止水,适宜于出水压力较小的管道系统。

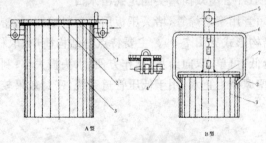

图 7-16　C2G1-G 型平板阀固定式出水口
1.顶盖; 2.密封胶垫; 3.外壳; 4.销钉; 5.操作杆; 6.支撑框架; 7.阀瓣

(六)G2G1-G 型平板阀固定式给水栓

图 7-17 所示的 G2G1-G 型平板阀固定式给水栓结构简单,制作容易,操作方便;集节制阀、三通、给水多功能于一体;安装在梯田地堰下(图 7-18),利用上下密封面可单独出水灌溉或单独向下游供水,也可在出水的同时向下游管道输配水。

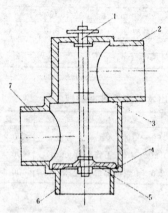

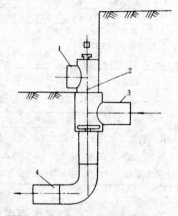

图 7-17　G2G1-G 型平板阀固定式给水栓

1.操作杆; 2.出水口; 3.上密封面;
4.下密封面; 5.阀瓣; 6.下游管道
进水口; 7.上游管道进水口

图 7-18　C2G1-G 型平板阀固定式
给水栓安装示意图

1.出水口; 2.阀杆; 3.进水口
(接上游管道); 4.出水口(接下游管道)

(七)C1G1-S 型双向堵头固定式出水口

出水短管用聚乙烯管,堵头压板用硬塑料或铸铁,密封垫用橡胶制作,结构形式见图 7-19。主要特点是结构简单,取材方便,易制作,造价低;可单、双向给水,操作方便;水头损失小;利用密封胶垫与壳内壁摩擦力止水,用于低压管道系统,密封效果较好。

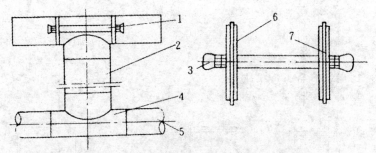

图 7-19 C1G1-S 型双向堵头固定式出水口

1.双向堵头; 2.立管; 3.把手; 4.三通;

5.地下管道; 6.压板; 7.密封胶垫

(八)C1G1-S 型软管固定式出水口

结构型式如图 7-20,它由塑料软管、硬管、活动式管箍(图 7-21)、控水夹(图 7-22)等部件组成。结构简单,易于加工,用材小,造价低,操作简单;可埋入地下保护井,不影响机耕,使用年限在 5 年以上。出水管径为 65mm 和 110mm 的出水口,止水压力在 0.10 ~ 0.30MPa。

表 7-10 列出了各种给水装置的主要性能参数和特点。

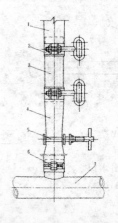
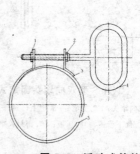
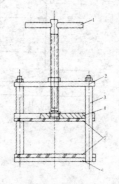

图 7-20 C1G1-S 型软管
固定式出水口

1～3 为软管出流装置与地面
移动软管连接部分,4～7 为软管
出流装置部分)1.地面移动塑料
软管 2.活动式管箍 3.硬塑料
连接管 4.锦伦塑软管 5.控水夹
6.固定式管箍 7.输水管道

图 7-21 活动式管箍

1,2 固定螺母 3.支架
4.紧固手柄 5.箍圈

图 7-22 控水夹

1.手柄 2.支架板
3.支柱 4.活动压板
5.橡胶垫 6.固定压板

表 7-10 给水装置的主要性能参数及特点

型号名称	公称直径 (mm)	公称压力 (MPa)	局部阻力系数 ζ	主要特点	图 号
G1Y1-H/LⅡ型、G1Y3-H/LⅢ型平板阀移动式给水栓	75,90,110,125,160	0.25,0.4	1.52～2.02	移动式,旋紧锁口连接,平板阀内外力结合止水,地上保护,适用于多种管材	图 7-1 (a)、(b)
G1Y3-H/LⅣ型平板阀移动式给水栓	75	0.6,1.0	5.76	螺纹式内外力结合止水,可调控流量,其他特点同Ⅱ、Ⅲ型	图 7-1(c)
G2Y5-G 型平板阀移动式给水栓	进/出口直径 φ80、100、150	0.20	1.5～2.00	移动式,倒钩连接装置,平板阀外力止水,地上保护,适用多种管材	图 7-2
G1Y5-S 型平板阀移动式给水栓	110	0.20	A 型 1.23	移动式,快速接头式连接,浮阀内力止水,地上保护,适用于塑料管材	图 7-3

续表 7-10

型号名称	公称直径 (mm)	公称压力 (MPa)	局部阻力系数 ζ	主要特点	图 号
G2Y5-H 型球阀移动式给水栓	110	0.20		移动式,快速接头式连接,浮阀内力止水,地上保护,多适用于塑料管材	图 7-4
G3Y5-H 型球阀移动式给水栓	φ200/100	0.20	1.53	移动式,丝连接,浮阀内力止水,地上保护,适用于混凝土管道系统	图 7-5
G2Y5-S/H 型球阀移动式给水栓	75,100,125,160	0.15	公称直径160mm时为3.47	移动式,浮阀内力止水,地上保护,集多功能于一体,适用于混凝土管材	图 7-6
G2Y2-H 型平板阀移动式给水栓	75	0.05,0.1		移动式,橡胶活舌内力止水,地上保护,多适用于塑料管材	图 7-7
G3B1-H 型平板半固定式给水栓	63	0.25	1.175	半固定式,平板阀外力止水,地上保护,适用于塑料管材	图 7-8
G2B1-H(G) 型平板阀半固定式给水栓	A 型 50~160,B 型 110	0.25	A 型 1.0~1.8	半固定式,平板阀外力止水,阀瓣与操作杆利用活节连接,不磨损密封胶垫,地上保护,多用于塑料管材	图 7-9
G2B3-H 型平板阀半固定式给水栓	φ100/75 φ100/100 φ125/100		0.20	半固定式,利用弹力和内水压力止水,地上保护,可双向出水,多用于塑料管材	图 7-10
C2B7-H 型丝堵半固定式出水口	75,90,110,125	0.20		半固定式,丝堵外力止水,地上保护,适用于压力、流量较小的塑料管道系统。	图 7-11
C2G7-S/N 型丝盖固定式出水口	75,90,110,125	0.20		固定式,丝盖外力止水,地上保护,适用于压力、流量较小的塑料管道系统	图 7-12
C7G7-N 型丝盖固定式出水口	φ100	0.20	0.4	固定式,平板阀外力止水,地上保护,适用于压力、流量较小的水泥预制管道	图 7-13
G2G1-S 型平板阀固定式给水栓	75	0.05	1.938	固定式,平板阀外力止水,地下保护,适用于塑料管材	图 7-14
C2G7-S 型丝盖固定式出水口	90,110	0.05		固定式,丝盖外力止水,地下保护,适用于塑料管材,压力较小的管道系统	图 7-15
C2G1-G 型平板阀固定式出水口	φ114			固定式,平板阀外力止水,地上保护,适用于压力、流量较小的管道系统	图 7-16
C2G1-G 型平板阀固定式给水栓	160			固定式,平板阀外力止水,集节制阀、三通、给水于一体,适用于丘陵梯田塑料管道系统	图 7-17
C1G1-S 型双向堵头固定式出水口	63,75,90,110,125			固定式,用密封胶垫与壳内壁摩擦力止水,地上保护,适用于压力、流量较小的塑料管道	图 7-19
C1G1-S 型软管固定式出水口	63,110	0.10.2	1.20	固定式,卡扣外力止水,地下保护,适用于塑料管道系统	图 7-20

第二节　安全保护装置

管道输水灌溉系统的安全保护装置主要有进(排)气阀、安全阀、多功能保护装置、调压装置、逆止阀、泄水阀等。主要作用分别是破坏管道真空,减小输水阻力,超压保护,调节压力,防止管道内的水回流入水源而引起水泵高速反转。

本节主要介绍管道输水灌溉系统常用的进(排)气阀、安全阀、多功能保护装置、调压装置的结构和特点。对于逆止阀和泄水阀,由于市场上定型产品很多,在此不再赘述。

一、进(排)气阀

进(排)气阀按阀瓣的结构分为球阀式、平板阀式进(排)气阀两大类。按材料分为铸铁、钢、塑料进(排)气阀等。在此仅介绍管道灌溉系统中常用的进(排)气阀。

进(排)气阀的工作原理是管道充水时,管内气体从进(排)气口排出,球(平板)阀靠水的浮力上升,在内水压力作用下封闭进(排)气口,使进(排)气阀密封而不渗漏,排气过程完毕。管道停止供水时,球(平板)阀因虹吸作用和自重而下落,离开进(排)气口,空气进入管道,破坏了管道真空或使管道水的回流中断,避免了管道真空破坏或因管内水的回流引起的机泵高速反转。

进(排)气阀可按公式(7-1)计算选择,一般安装在顺坡布置的管道系统首部、逆坡布置的管道系统尾部、管道系统的凸起处、管道朝水流方向下折及超过10°的变坡处。

$$d_0 = 1.05 D_0 \left(\frac{\upsilon}{\upsilon_0}\right)^{1/2} \quad\quad (7\text{-}1)$$

式中:d_0 为进(排)气阀通气孔直径(mm);

D_0 为被保护管道内径(mm);

υ 为被保护管道内水流速(m/s);

υ₀ 为进(排)气阀排出空气流速(m/s),计算时可取
$$v_0 = 45 \text{m/s}。$$

(一)JP3Q-H/G 型球阀式进(排)气阀

JP3Q-H/G 型球阀式进(排)气阀结构简单,制作、安装方便,造价低,规格齐全,灵敏度高,密封性能好,适用于顺坡布置的管道系统,泵与主管道的连接处,起进气止回水作用。其尺寸、性能参数见表 7-11 和表 7-12。

表 7-11　JP3Q-H/G 型球阀式进(排)气阀主要尺寸　(单位:mm)

公称直径	D	D_1	h	D_0	d_0	L	备　注
20	50	62	140	60	20	130	D 为法兰管内径;D_1 为法兰管外径;h 为阀室高度;D_0 为阀室内径;d_0 为进(排)气孔内径;L 为法兰管长度
	63	75				145	
	75	87				155	
	90	102				170	
25	110	122			25	195	
	125	137				210	
32	140	152			32	225	
	160	172				245	
40	200	212			40	285	

表 7-12　JP3Q-H/G 型球阀式进(排)气阀主要性能参数

公称直径(mm)		20	25	32	40	50	备　注
对应被保护管道公称直径(mm)	塑料管	≤90	110,125	140,160	160,200	200,250	公称压力 0.05 MPa,最大工作压力 0.25 MPa,最小密封压力 0.05 MPa,适用温度 −10℃～60℃
	混凝土管	≤180	200,225	250,280	350	450	

(二)JP1Q-H/G 型球阀式进(排)气阀

JP1Q-H/G 型球阀式进(排)气阀的特点和性能参数基本同 JP3Q-H/G 型球阀式进(排)气阀,多用于逆坡布置的管道系统和管路中凸起处。其尺寸见表 7-13。

表 7-13   JP1Q-H/G 型球阀式进(排)气阀主要尺寸   (单位:mm)

公称直径	D	D_1	H	h_0	h_2	D_0	d_0	备注
20	50	62	225		65		20	D 为法兰管内径;D_1 为阀座管外径;H 为进(排)气阀总高度;h_0 为阀室高度;h_2 为阀座管高度;D_0 为阀室内径;d_0 为进(排)气孔内径
	63	75	235		78			
	75	87	248		90			
	90	102	265		105			
25	110	122	285	152	125	60	25	
	125	137	300		140			
32	140	152	315		155		32	
	160	172	335		175			
40	200	212	375		375		40	

(三)JP1P-G 型平板阀式进(排)气阀

JP1P-G 型平板阀式进(排)气阀结构简单,易于加工,造价低,安装方便,灵敏度高,密封效果好,最小密封压力为 0.04MPa。一般用于顺坡布置的管道系统首端和凸起处。其主要尺寸见表 7-14。

(四)JP1P-H 型球阀式进(排)气阀

JP1P-H 型球阀式进(排)气阀结构简单,体积小,重量轻,造价低;进(排)气自动完成,性能可靠;能输水灌溉,实用方便;安装简便,易保护。

(五)J4P-H 型平板阀外力止水式进气阀

J4P-H 型平板阀外力止水式进气阀,结构简单,制作方便;自动进气,人工排气,开机运行时,可通过人工顶开阀门排气,停机时阀门因虹吸作用而回落,自动实现进气功能;利用弹簧及内水压力密封,止水效果好。

表 7-14　JP1Q-G 型平板阀式进(排)气阀主要尺寸　(单位:mm)

上阀壳			下阀壳			阀瓣		
外径	高度	排气孔径	外径	高度	导向孔径	轴长	轴径	阀盖直径
114	53	60	114	70	12.5	75	7.5	80

二、安 全 阀

　　安全阀是一种压力释放装置,安装在管路较低处,起超压保护作用。低压管道灌溉系统中常用的安全阀按其结构形式可分为弹簧式、杠杆重锤式两大类。

　　安全阀的工作原理是将弹簧力或重锤的重量加载于阀瓣上来控制、调节开启压力(即整定压力)。在管道系统压力小于整定压力时,安全阀密封可靠,无渗漏现象;当管道系统压力升高并超过整定压力时,阀门则立即自动开启排水,使压力下降;当管道系统压力降低到整定压力以下时,阀门及时关闭并密封如初。

　　安全阀的特点是结构比较简单,制造、维修方便,造价较高;启闭迅速及时,关闭后无渗漏,工作平稳,灵敏度高;使用寿命长。

　　弹簧式安全阀可通过更换弹簧来改变其工作压力级,同一压力级范围内可通过调压螺栓来调节开启压力。其载荷随阀门开启高度的增大而增大。

　　杠杆重锤式安全阀可通过更换重锤来改变其工作压力级,但在同一压力级范围内的开启是不变的。其载荷不随阀门开启高度变化。

　　安全阀在选用时,应根据所保护的管路的设计工作压力确定安全阀的公称压力。由计算出的安全阀的定压值决定其调节范围,根据管道最大流量计算出安全阀的排水口直径,并在安装前校好阀门的开启压力。弹簧式、杠杆重锤式安全阀均适用于低压管道输水灌溉系统。但弹簧式安全更好一些。

安全阀一般适宜安装在管道系统的首部,操作者容易观察到并便于检查、维修;但也可安装在管道系统中任何需要保护的位置。

(一)A3T-G 型弹簧式安全阀

A3T-G 型弹簧式安全阀的主要特点是体积较小、轻便、灵敏度高,同一型号规格的安全阀可通过更换弹簧来改变其工作压力级;在某一压力级范围内,可通过调节调压螺栓来调节整定压力。其性能参数见表 7-15 与表 7-16。

(二)A1T-G 型弹簧式安全阀

A1T-G 型弹簧式安全阀的特点与 A3T-G 相同,性能参数见表 7-15。

表 7-15　A3T-G 型(A 型)、A1T-G 型弹簧式安全阀性能参数

公称直径(mm)	50,63,75,90,110,125,140,160
公称压力(MPa)	0.3～0.6
阀体强度试验压力(MPa)	0.2 倍的公称压力
工作压力级(MPa)	＞0.06～0.1、＞0.1～0.13、＞0.13～0.16、＞0.16～0.2、＞0.2～0.25、＞0.25～0.3、＞0.3～0.4、＞0.4～0.5、＞0.5～0.6
密封压力(MPa)	0.06～0.6
适用介质	水
适用温度(℃)	−15～60

表 7-16　A3T-G 型(B 型)弹簧式安全阀性能参数

阀座直径(mm)	止水阀直径(mm)	弹簧直径(mm)	弹簧调节长度(mm)	单弹簧		双弹簧		调节螺栓长度(mm)
				倔强系数(MPa)	调节压力(MPa)	倔强系数(MPa)	调节压力(MPa)	
80	96	4	0～35.5	2.56	0～0.18	4.96	0～0.35	45

三、多功能保护装置

多功能保护装置主要是针对低压管道灌溉系统研制的,集进(排)气、止回水、超压保护等两种以上功能于一体的安全保护装置,有的还兼有灌溉给水和其他功能。最大特点是结构紧凑,体积小,连接、安装比较方便。但设计比较复杂,安装位置和使用条件有一定的局限性。

(一)AJD 型多功能保护装置

AJD 型多功能保护装置的主要特点是集止回水、进(排)气、超压保护于一体;结构较紧凑,多用于系统首部,安装维护方便;仅适用于平原井灌区。其性能参数见表 7-17。一般安装在顺坡或高差不大的逆坡布置的管道系统首端,起进气、排气、止回水、超压保护等作用。

开机运行时,管道中的空气由进(排)气阀的进(排)气孔排出,球阀在内水压力作用下密封排气孔,水流将止回阀的阀瓣冲开,阀瓣悬浮在阀腔中,水进入管道系统。停机时,管内水回流,止回阀阀瓣随之回落密封,空气由进(排)气阀的气孔进入水泵出水管内,管道水回流中断。由于止回阀的突然关闭,回流水作用在阀瓣处的压力会迅速增大,如回流压力超过安全阀的整定压力,则安全阀的阀瓣会打开排水降压,保护管道系统;反之,安全阀密封。

(二)Y 式三用阀

Y 式三用阀由进(排)气、调压两大部分组成。进(排)气部分的工作原理与 JP1Q-H/G 型球阀式进(排)气阀相同。调压部分主要起超压保护作用,当管道系统的压力超过整定工作压力时,作用在止水阀上的力压缩弹簧,使阀瓣脱离下阀体而泄水,管道压力随之降低;当管道系统内的压力下降到整定工作压力以下时,止水阀在弹力的作用下复位,排泄口密封,管道系统恢复正常工作。

表 7-17　AJD 型多功能保护装置主要性能参数

公称直径 (mm)	公称压力 (MPa)	最小密封 压力(MPa)	阀体强度试验 压力(MPa)	局部阻力 系数	适用 介质	适用温度 (℃)
75,110	0.2	0.05	0.25	1.837	水	-10～60

(三)DH 式自动保护器

DH 式自动保护器结构形式,其主要功能与工作原理可通过一个灌溉过程来说明。

1. **自动排气**　灌水前,阀门因自重而打开,充水时,管道内的空气随着管内水量的增加经出水口排出。

2. **自动关闭**　当管内的空气排完后,阀门在水压作用下自动关闭。在正常工作压力条件下,管内水对阀板的顶托力小于阀自重和重锤的下压力,阀密闭而不出水。

3. **取水**　将重锤及阀向上抬起,用销钉插入销孔固定,这时管道内的水即从出水口流出。

4. **自动超压保护**　安装在其他位置的保护器,在运行过程中,如管路某一段的压力超过该处保护器的整定压力时,则保护器阀门自动开启迅速排水,降低管道内的压力,防止管道因超压损坏。停机时,安装在止回阀出水端的保护器的防水锤功能与上述相同。

5. **防真空破坏**　停泵时,安装在止回阀进水端的保护器阀门自动打开,空气进入水泵出水管破坏真空,防止管道真空破坏。

保护器的功能与布设安装位置有关,选择应用时应注意这一点。安装在出水口处的保护器,应根据其安装高程确定重锤的重量(即安全开启压力),使其发挥超压保护作用。

(四)DAF 型多功能保护装置

DAF 型多功能保护装置有平板阀式和球阀式两类。球阀式多功能保护装置的结构与平板阀式基本相同,不同点是将内水封闭 A 改为空心橡胶浮球。

DAF 型多功能保护装置有 $\phi90/60$（进／出口外径）一种规格。其阀壳采用铸铁，阀心各部件采用铸铝，球阀采用橡胶。具有进气、排气、超压保护多功能；压力可在 0.05～0.20MPa 任意调节；压力为 0.16MPa、0.18MPa、0.20MPa 时的排水量为 2.11m³/h、2.62m³/h、3.75m³/h；工作温度在 $-40℃$～$60℃$ 范围内，灵敏度高，适合管道灌溉系统使用要求；结构设计合理，体积小，重量轻，安装方便，造价较低；采用铸铁（铝）材料，耐锈蚀，使用寿命长。

其工作原理如下。

1. **排气过程**　开泵前，阀 A（或球阀）因自重落在套管下部，与下密封面处于脱离状态；开泵初始，管内空气可通过阀 B 的侧孔和顶孔排出；当管中空气排尽，随管内水面上升，阀 A（或球阀）上升至下密封面，并在内水压力作用下封闭阀 B 的进（排）气孔，使管道系统处于正常状态。

2. **超压保护过程**　通过调节螺栓将保护装置的开启压力调节到设计安全压力（整定压力），压住阀 B，当管道中的压力增大，超过整定压力时，阀 B 在弹力作用下封闭上密封面，管道系统恢复正常工作。

3. **进气过程**　停泵时，管道内的水回流，阀 A（或球阀）因自重下落而脱离下密封面，空气从阀 B 的气孔进入管道，破坏管内真空，保护管道系统。

（五）调压管（塔）

调压器又称调压塔、水泵塔、调压进（排）气井。调压管（塔）有 2 个水平进、出口和 1 个溢流口，进口与水泵上水管出口相接，出口与地下管道系统的进水口相连，溢流口与大气相通。主要特点是取材方便，建造容易，功能多，可代替进（排）气阀、安全阀和止回阀，综合造价较低；适宜于顺坡和高差不太大的逆坡布置的管道系统。

1. 工作原理

（1）调压　　在管道系统运行过程中及停机时,保证系统将工作压力始终保持在管道系统最大设计工作压力范围内。如系统未按操作规程运行(未打开出水口就开机等)或因停机水回流造成系统压力升高时,水流从调压管顶部溢流口处排出,而不使系统的压力继续升高。

（2）进（排）气　　开动机器充水时,管道中的空气由调压管溢流口排出;停机时,水泵上水管口以上的水回流入水源,待上水口露出时,水泵进气,管内水回流中断。

2. 设计时应注意的几个问题　　① 调压管溢流水位应不大于系统管道公称压力;② 为使调压管起到进气、止回水作用,调压管的进水口应设在出水口之上;③ 调压管的内径应不小于地下管道的内径,为减小调压管的体积,其横断面可以在进水口以上处开始缩小,但当系统最大设计流量从溢流口排放时,在缩小断面处的平均流速不应大于 $3.05m^3/s$;④ 调压管必须建立在牢固的基础之上,防止基础处理不好造成不均匀沉陷,影响安全,水泵上水管尽可能用柔性管,用刚性管时应设特殊防震接头与调压管连接,防止水泵运行时产生的振动通过上水管传导到调压管上;⑤ 在水源含沙量较大时,调压管底部应设沉沙井;⑥ 调压管的进水口前应装设拦污栅,防止污物进入地下管道。

安全阀、多功能保护装置的主要功能及特点见表 7-18。

表 7-18　安全阀、多功能保护装置的主要功能及特点

型号规格	主要功能及特点
A3T—G 型弹簧式安全阀	超压保护。体积小,灵敏度高,同一型号规格的安全阀可通过更换弹簧来改变工作压力级;在某一压力级范围内,可通过调节调压螺栓来调节整定压力
A1T—G 型弹簧式安全阀	

续表 7-18

型号规格	主要功能及特点
AGD 型多功能保护装置	进、排气,超压保护,止回水。结构紧凑,用于系统首部,适用于平原井灌区
Y 式三用阀	进、排气,超压保护。结构紧凑,用于系统首部,适用于平原井灌区
DH 式自动保护器	进、排气,超压保护。灌溉输水。结构紧凑,适用于平原井灌区管道系统
DAF 型多功能保护装置	进、排气,超压保护。结构比较复杂,较紧凑,调压范围较广
调压管(塔)	调节压力,进、排气。取材方便,建造容易,综合造价较低,适宜于顺坡和高差不太大的逆坡布置的管道系统

第三节　分(取)水控制装置

管道灌溉系统中常用的分(取)水控制装置主要有闸阀、截止阀以及结合低压管道系统特点研制的一些专用控制装置等。闸阀和截止阀大部分都是工业通用产品,在此只做简单介绍。重点介绍近几年来各地结合管道输水灌溉特点研制的一些结构比较简单、实用、造价低、功能较多的水流、水量控制装置。

一、常用的工业阀门

管道输水灌溉系统常用的工业阀门主要是公称压力不大于 1.6MPa 的闸阀和截止阀,主要作用是接通或截断管道中的水流。

(一)普通闸阀的主要结构、特点

① 闸板呈圆盘状,在垂直于阀座通道中心线的平面内做升降运动。

② 局部阻力系数小。

③ 结构长度小。

④ 启闭较省力。

⑤ 介质流动方向不受限制。

⑥ 高度尺寸大,启闭时间长。

⑦ 结构较复杂,制造维修困难,成本较高。

对水质要求不是很高,可用于含泥沙的水流。

(二)普通截止阀的主要结构、特点

① 阀瓣呈圆盘状,沿阀座通道中心线做升降运动。

② 局部阻力系数大。

③ 启闭时阀瓣行程小、高度尺寸小,但结构长度较大。

④ 启闭较费力。

⑤ 介质需从阀瓣下方向上流过阀座,流动方向受限制。

⑥ 结构比较简单,制造比较方便。

⑦ 密封面不易擦伤和磨损,密封性好,寿命长。

也有适用于水平管道上的截止阀。对水质要求较高,不宜用于含沙的水流。

设计时,应根据使用目的,阀件的公称压力、操作、安装方式、水流阻力系数大小、维修难易、价格等情况来选择阀门。

二、管道输水灌溉系统用典型控制装置

(一)箱式控水阀

箱式控水阀是针对管道输水灌溉系统特点研制的一种集控制、调节、汇水、分水于一体的控制装置。JN 型箱式控水阀一般用于公称直径不大于 200mm 的管道系统;SQ 型箱式控水阀一般用于公称直径不小于 110mm 的管道系统。箱式控水阀有两通、三通、四通等形式,即分别有 2 个、3 个、4 个进出水口。

主要特点及性能:阀瓣呈圆盘状,沿阀座通道中心线做升降运动;结构简单、制作容易;体积小、重量轻、安装操作方便;水力性能较好。两通式控水阀主要安装在直段管道上,起接通、截断水流的作用;三通式控水阀主要安装在管道系统的分支处,起接通、截断、分流、汇流及四通等作用。箱式控水阀与同样功能的工业闸阀相比,可降低投资 30% ~ 60%。其性能参数见表 7-19 和表 7-20。

表 7-19　JN 型箱式控水阀的规格及性能参数

形　式	规格 φ(mm)	密封压力 MPa	耐久性能	局部阻力系数 ξ
两通式	95,110 125,160	≥ 0.50	启闭 300 次性能良好	3.73
三通式				
四通式				

表 7-20　SQ 型箱式控水阀的规格及性能参数

形　式	规格 进口 / 出口直径 (mm)	外形尺寸 长 × 宽 × 高 (mm× mm× mm)	重量 (kg)	密封压力 MPa	耐久性能	局部阻力系数	
两通式	250/90	350 × 350 × 250	25.0	≥ 0.20	启闭 300 次性能良好	3.77	3.78
三通式	250/100	600 × 400 × 250	34.5			3.73	
四通式	250/125 250/160	600 × 400 × 250	34.5			3.83	4.09

(二) 分水闸门

分水闸门适用于混凝土管道系统,用来控制主管道向支管道输配水。其特点是:因地制宜建造,结构简单,安装、操作方便;设有保护、检修井,维修方便,且易于保护。

(三) 简易分流闸

简易分流闸适用于混凝土管道系统,用来控制上级管道系统向下级管道系统输配水。输配水时,用操作杆提出锥塞,水流进入下级管道系统;停水时,塞入锥塞即可。其特点是:结构简单,施工方便;就地取材,造价低;易操作,易管理。

(四) 多功能配水阀

多功能配水阀主要由阀体(三通壳体)、上下盖、扇形阀片、转向杆、凸轮轴、橡胶止水、手轮、连杆、弹簧和方向指针等组成。除止水用橡胶外,其余部件采用铸铁材料。橡胶止水用 801 胶粘贴在扇形阀片外壁上。有 152.4mm 一种规格,同时配有 152.4mm、127.0mm、101.6mm 的变径接头,可与不同规格的地下管道连接。

安装在输水干管与支管分水处,起控制水量大小、水流方向、封闭管道和三通、弯头等作用。其特点主要有:① 重量轻、价格低;② 水力性能好,直流时局部阻力系数为 1.88,直角流时为 2.15;③ 适用流量范围大、密封压力高。 适宜流量范围为 20 ~ 120m³/h;压力不大于 0.20MPa 时,无渗漏现象;④ 结构简单、维修方便、多功能,集三通、弯头、阀门于一体,结构紧凑合理,野外可现场维修;⑤ 安装操作方便、坚固耐用,与地下管道承插式连接,安装方便;扇形阀片转动灵活,止水方向准确;材料主要为铸铁,耐锈蚀。

多功能配水阀的工作原理与机动车刹车和气缸体气门的原理相似。非工作状态下,扇形阀片与阀室内壁之间保持 2 ~ 3mm 间隙。转动凸轮轴,压迫边杆推动扇形阀片使其紧贴阀室内壁而止水,配水阀关闭。回转凸轮时,在弹簧的反作用下拉回扇形阀片,使其与阀室内壁分离,配水阀开启。利用转向杆控制扇形止水阀片,旋转转向杆和转动凸轮轴,可任意调节输水方向。

第四节　　测量装置

管道灌溉系统中常用的测量装置主要有测量压力和流量装置是用来测量管道系统的水流压力,了解、检查管道工作压力状况;测量流量装置主要用来测量管道水流总量和单位时间内通过的水量,是用水管理的基础。

一、压力测量装置

在管道输水灌溉系统中常用的压力测量装置是弹簧管压力表。有 Y 型弹簧管压力表、YX-150 型电接点压力表、Z 型弹簧管真空表等。

压力表选用时应考虑以下因素:① 压力测量的范围和所需要的精度;② 静负荷下工作值不超过刻度值的 2/3,在波动负荷下,工作值不应超过刻度值的 1/2,最低工作值不应低于刻度值的 1/3。

设计时可由五金手册查得压力表外形尺寸、规格及性能。安装维护应严格按照说明书要求进行。

二、流量测量装置

在一段时间内通过管道的水量称为总量,在单位时间内通过水流的量称为流量。测量总量的装置称为计量装置,测量水流量的装置称为流量装置。我国目前还没有专用的农用水表,在管道输水灌溉系统中通常采用工业与民用水表、流量计、流速仪、电磁流量计等进行量水。在此仅简单介绍一下管道输水灌溉系统最为常用的水表。

(一) 水表的种类

管道灌溉系统常用的水表有 LXS 型旋翼湿式水表和 LXL 型水平螺翼式水表。两种水表都是以叶轮的转动和转数为依据,水流通过翼轮盒时推动叶轮旋转,利用叶轮转速与水流速度成正比的关系,由叶轮轴上的齿轮传送到计数装置,由标度盘上的指针指示出流量的累计值,即水流总量。设计时可由五金手册查得各种水表的外形尺寸、规格及性能。安装与维护应严格按说明书要求进行。

(二) 水表的选用

根据管道的流量,参考厂家提供的水表流量 - 水头损失曲线进行选择,尽可能使水的经常使用流量接近公称流量。

用于管道灌溉系统的水表一般安装在野外田间,因此选用湿式水表较好。

水平安装时,选用旋翼式或水平螺翼式水表;非水平安装时,宜选用水平螺翼式水表。

第八章　输配电工程

第一节　农村低压线路选择

低压线路输送功率不应超出变压器容量,供电距离不应超过0.5km;对于小负荷点或边远地方不应超过1km。

接线方式有两种:辐射形和树枝形,见图8-1。

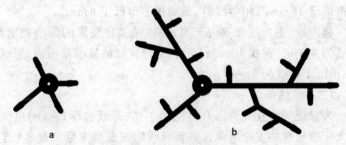

图 8-1　低压线路接线方式
a辐射形接线式　b树枝形接线式

第二节　线路路径的选择

低压线路路径选择应遵循以下4条原则:① 方便机耕,少占农田;② 路径短,线路走直线,避免曲折迂回;③ 尽量靠近道路,但不要给交通造成困难;④ 地势越平坦越好,要尽量避开积水和水淹地,避开易受山洪、雨水冲刷地带,严禁跨越有爆炸物、易燃物的场所。

第三节　导线的选择

一、导线截面选择应考虑的条件

为确保供电安全、可靠、经济和电能质量,选择导线截面时应考虑以下 3 个条件:导线应具有足够的机械强度、允许的温升和允许的电压降。

(一) 机械强度条件

低压架空线路,用铝线(铝及铝合金线,钢心铝线) 时,截面积不得低于 16 mm²;用铜线时,截面积不得低于 6 mm²。

接户线、进户线和室内干线,按机械强度要求的最小截面积:铝线为 4 mm²,铜线为 2.5 mm²。室内支线的最小截面积,铝线为 2.5 mm²,铜线为 1 mm²。

(二) 发热条件

为保证导线在允许温升范围内工作,导线实际通过的电流不得大于该导线的安全电流。各种导线的安全载流量见表 8-1 至表 8-4。

表 8-1　架空线用的裸导线的安全载流量

导线截面(mm²)		16	25	35	50	70	95	120	150	185
安全载流量 (A)	铝绞线 LJ	93	120	150	190	234	290	330	388	440
	钢芯铝线 LGJ	97	124	150	195	242	295	335	393	450

从表 8-1 中查到的载流量要根据周围空气温度乘以表 8-2 下列校正系数。

表 8-2　校正系数

周围空气温度(℃)	5	10	15	20	25	30	35	40	45	50	55
校正系数	1.36	1.31	1.25	1.20	1.13	1.07	1.00	0.93	0.85	0.76	0.66

表 8-3　农用地下直埋铝芯电线安全流量(A)

标称截面(mm²)	埋 地 敷 设				室 内 明 敷	
	长江以南		长江以北			
	NLV	NLVV NLYV	NLV	NLVV NLYV	NLV	NLVV NLYV
2.5	32	32	30	30	22	22
4	42	42	40	40	28	27
6	61	56	56	51	35	35
10	84	79	75	70	48	48
16	112	103	98	93	69	69
25	140	131	122	117	91	91
35	173	159	150	140	112	112
50	215	196	182	164	143	143

表 8-3 是当土壤温度为 30℃、空气温度为 35℃ 时的安全载流量。其他温度时的安全载流量系数要乘以表 8-4 中所列的校正系数。

表 8-4　农用地下直埋铝芯电路安全载流量校正系数

土壤温度(℃)	15	20	258	30	35	40
校正系数	1.20	1.13	1.07	1.00	0.93	0.85
空气温度(℃)	20	25	30	35	40	45
校正系数	1.22	1.15	1.08	1.00	0.91	0.82

各种用电设备负载电流计算如表 8-5 所列。

表 8-5　用电设备负载电流计算表

用电设备类型	负载电流计算公式	公式中所用符号的含义
电灯 电阻性电热器	$I=\dfrac{P}{Umcos\phi}$	I— 负载电流,A; P— 用电设备功率,W; U— 线路电压,V; m— 相数; $cos\phi$— 功率因数; η— 电动机功率
单相电动机	$I=\dfrac{P}{U\eta cos\phi}$	
三相电动机	$I=\dfrac{P}{1.73U\eta cos\phi}$	

计算示例:白炽灯和电阻性电热器,其 $cos\phi=1$,u$=220V$,单相 $m=1$,若功率为 100W,则 $I=\dfrac{100}{200\times1\times1}=0.45A$;日光灯的 $cos\phi=0.5$,单相 $m=1$,则 100W 日光灯的电流 $I=\dfrac{100}{220\times1\times0.5}=0.9$(A);三相电动机的功率为 10kW,v$=380V$,$\eta=0.85$,$cos\phi=0.88$,则 $I=\dfrac{1\,000\times10}{1.73\times380\times0.85\times0.88}=20.3$(A)。

(三) 电压损失条件

为保证供电质量,要限制线路电压降在允许值。否则,电灯亮度下降,电动机定子绕组过热,降低电动机寿命,严重时将烧毁电动机。原水利电力部的《架空配电线路设计技术规程》SDJ14—79 规定,低压电线路自配电变压器二次侧出口至线路末端(不包括接户线)的允许电压降为额定低压配电电压(220V、380V)的 4%。考虑农村电网的供电特点,原水利电力部颁布的《农村低压电力技术规程》规定自变压器二次侧出口至线路末端允许电压损失为额定电压的 7%。

供电线路的电压损失与导线截面大小、长度和负荷功率有关，在选择导线时可用下式进行计算。

$$\Delta v = \Delta u \cdot P \cdot L \qquad (8\text{-}1)$$

式中：Δv 为供电线路电压损失（%）；

Δu 为供电线路单位电压损失（$10^{-2}\,kW^{-1}\cdot km^{-1}$），由表 8-6 查得；

P 为供电线路负荷功率（kW）；

L 为供电线路长度（km）。

表 8-6　380V 三相架空用铝绞线单位电压损失

导线规格	不同 $\cos\phi$ 时的单位电压损失 $\Delta u(10^{-2}\cdot kW^{-1}\cdot km^{-1})$						
	0.7	0.75	0.8	0.85	0.9	0.95	1.0
LJ-16	1.52	1.50	1.46	1.43	1.40	1.36	1.28
LJ-25	1.06	1.03	1.00	0.97	0.94	0.90	0.83
LJ-35	0.82	0.80	0.77	0.73	0.70	0.67	0.60
LJ-50	0.63	0.61	0.58	0.55	0.52	0.48	0.41
LJ-70	0.51	0.49	0.46	0.43	0.40	0.37	0.29

二、导线规格及主要技术参数

为便于选择导线，将国家标准 GB 1179—83 规定的铝绞线及钢芯铝绞线的规格及主要技术参数摘录其中部分列入表 8-7 和表 8-8 中。GB 9329—88 规定的铝合金绞线的规格及主要技术参数列入表 8-9 中。

表 8-7　铝绞线规格入主要技术性能

标称截面（mm²）	结构根数／直径（根／mm）	计算截面（mm²）	外径（mm）	直流电阻不大于（Ωkm）	计算拉断力（N）	计算重量（kg/km）
16	7/1.70	15.89	5.10	1.802	2 840	43.5
25	7/2.15	25.41	6.45	1.127	4 355	69.6
35	7/2.50	34.36	7.50	0.8332	5 760	94.1
50	7/3.00	49.48	9.00	0.5786	7 930	135.5
70	7/4.16	71.25	10.80	0.4018	10 950	195.1
95	7/4.16	95.14	12.48	0.3009	14 450	260.5
120	19/2.85	121.21	14.25	0.2373	19 420	333.5

表 8-8　钢芯铝绞线规格及主要性能表

标称截面铝／钢（mm²）	结构，根数／直径（根／mm）		计算截面（mm²）			外径（mm）	直流电阻不大于（Ω/km）	计算拉断力（N）	计算重量（kg/km）
	铝	钢	铝	钢	总计				
10/2	6/1.50	1/1.50	10.60	1.77	12.37	4.50	2.076	4 120	42.9
16/3	6/1.85	1/1.85	16.13	2.69	18.82	5.55	1.779	6 130	65.2
25/4	6/2.32	1/2.32	25.36	4.23	29.59	6.96	1.131	9 290	102.6
35/6	6/2.72	1/2.72	34.86	5.81	40.67	8.16	0.8230	12 630	141.0
50/8	6/3.20	1/3.20	48.25	8.04	56.29	9.60	0.5946	16 870	195.1
50/30	12/2.32	7/2.32	50.73	29.59	80.32	11.60	0.5692	42 620	372.0
70/10	6/3.80	1/3.80	68.05	11.34	79.39	11.40	0.4217	23 390	275.2
70/40	12/2.72	7/2.72	69.73	40.67	110.40	13.60	0.4141	58 300	51 103
95/15	26/2.15	7/1.67	94.39 *	15.33	109.72	13.61	0.3058	35 000	380.8
95/20	7/4.16	7/1.85	95.14	18.82	113.96	13.87	0.3019	37 200	408.9
95/55	12/3.20	7/3.20	96.51	56.30	152.81	16.00	0.2992	78 110	707.7
120/7	18/2.90	1/2.90	118.89	6.61	125.50	14.50	0.2422	27 570	379.0
120/20	26/2.38	7/1.85	115.67	18.82	134.49	15.07	0.2496	41 000	466.8
120/25	7/4.72	7/2.10	122.48	24.25	146.73	15.74	0.2345	47 880	526.6

表 8-9　　铝合金绞线规格及主要性能表

标称截面（mm²）	结构根数/直径（根/mm）	计算截面（mm²）	外径（mm）	计算重量（kg/km）	计算拉断力（kN）	20℃直流电阻不大于（Ω/km）
10	7/1.35	10.02	4.05	27.4	2.80	3.31596
16	7/1.71	16.08	5.13	44.0	4.49	2.06673
25	7/2.13	24.94	6.39	68.2	6.97	1.33204
35	7/2.52	34.91	7.56	95.5	9.75	0.95165
50	7/3.02	50.14	9.06	137.1	14.00	0.66262
70	7/3.57	70.07	10.71	191.6	19.57	0.47418
95	7/4.16	95.14	12.48	260.2	26.57	0.34921
120	19/2.84	120.36	14.20	330.9	33.62	0.27745
150	19/3.17	149.96	15.85	412.2	41.88	0.22269

三、熔　断　器

熔断器内熔丝,俗称保险丝。它的选择要满足线路正常工作电流,对于电动机,还必须考虑起动电流。熔丝额定电流与所保护的线路相适应,最多仅能等于或稍大于线路安全电流值。多级熔丝相互配合使用时,后一级熔丝额定电流要比前一级小。

熔丝额定电流 I_{yH} 的大小取决于线路负载。

① 对于电灯及电热线路,$I_{yH} \geqslant$ 所有电器额定电流之总和。若电器不同时使用,则 I_y 应根据同时使用电器额定电流总和的最大值决定。

② 对于一台电动机,$I_{yH} \geqslant (1.5 \sim 2.5 \sim 3) \times$ 电动机的额定电流。

③ 对于多台电动机,$I_{yH} \geqslant (1.5 \sim 2.5 \sim 3) \times$ 容量最大的一台电动机的额定电流 ＋ 其余电动机的计算负载电流 I_j,I_j 由下式

计算：

$$I_J = K_s \cdot I_{DH} \qquad\qquad (8\text{-}2)$$

式中：K_s 为用电设备的需要系数，对于水泵用电动机，可取 $K_s = 0.7$；

I_{DH} 为电动机额定电流。

导线的安全载流量 I_{xa} 与保护导线的熔断器熔体的额定电流 I_{yH} 的关系如下。

①对于照明线路，$I_{xa} \geqslant I_{yH}$。

②对于电力线路，$(1.5 \sim 1.8)I_{xa} \geqslant I_{yH}$。

③对于有爆炸危险房间内的线路，$0.8I_{xa} \geqslant I_{yH}$。

插入式熔断器的熔丝额定电流与熔断电流见表 8-10。

表 8-10　熔丝额定电流与熔断电流表

铅　　熔　　丝					
直　径 （mm）	额定电流 （A）	熔断电流 （A）	直　径 （mm）	额定电流 （A）	熔断电流 （A）
0.08	0.25	0.5	0.98	5	10
0015	0.5	1.0	1.02	6	12
0.20	0.75	1.5	1.25	7.5	15
0.22	0.8	1.6	1.51	10	20
0.25	0.9	1.8	1.67	11	22
0.28	1	2.0	1.75	12	24
0.29	1.05	2.1	1.98	15	30
0.32	1.1	2.2	2.40	20	40
0.35	1.25	2.5	2.78	25	50
0.40	1.5	3.0	2.95	27.5	55
0.46	1.85	3.7	3.14	30	60
0.52	2.0	4.0	3.81	40	

续表 8-10

直　径 (mm)	额定电流 (A)	熔断电流 (A)	直　径 (mm)	额定电流 (A)	熔断电流 (A)
铅　熔　丝					
0.54	2.25	4.5	4.12	45	90
0.60	2.5	5.0	4.44	50	100
0.71	3	6.0	4.95	60	120
0.81	3.75	7.5	5.24	70	140
铜　熔　丝					
0.234	4.7	9.4	0.70	25	50
0.254	5.0	10	0.80	29	58
0.274	5.5	11	0.90	37	74
0.295	6.1	12.2	1.00	44	88
0.215	6.9	13.8	1.13	52	104
0.345	8.0	16	1.37	63	125
0.376	9.2	18.4	1.60	80	160
0.417	11	22	1.76	95	190
0.457	12.5	25	2.00	120	240
0.508	15	29.5	2.24	140	280
0.559	17	34	2.50	170	340
0.60	20	39	2.73	200	400

④ 机井常用中小容量的电动机,所用保险丝的额定电流可根据电动机功率由表 8-11 选择。

表 8-11　常用电动机保险丝选择表

电动机功率(kW)	2.8	4.5	7	10	14	20	28
保险丝额定电流(A)	10～15	15～25	25～35	30～50	45～70	60～100	90～150

第四节　低压电杆和线路的档距、线距及横担规格

一、对低压电杆的要求

电杆宜采用钢筋混凝土杆或木杆,杆长不小于8m。对电杆的技术要求是:① 钢筋混凝土电杆,其混凝土标号不小于200号(抗压强度不低于20MPa),主筋不得少于8×φ8;电杆表面应平整光滑,不得有露筋、表层脱落、跑浆等缺陷;纵向或横向裂纹宽度不大于0.2mm,其长度不超过1/2电杆周长;② 木杆,应剥皮,杆梢径不小于100mm;杆身弯曲不应超过杆长的2%。

二、电杆埋设深度

电杆埋设深度见表8-12。

表8-12　电杆埋设深度

杆高(m)	8.0	9.0	10.0	11.0	12.0	13.0	14.0
埋深(m)	1.5	1.6	1.7	1.8	1.9	2.0	2.3

三、低压配电线路的档距、线距及横担规格

农村低压配电线路的档距为40～60m。

低压配电线路的导线最小间距离:档距40m及以下为0.3m,档距50m为0.4m;档距60m为0.45m。

低压配电线路横担常用规格:铁横担 L50mm×5mm;木横担,圆形φ100mm,方形80mm×80mm。同杆架设线路横担间的最小垂直距离:低压与低压,直线杆为0.6m,支杆或转角杆为0.3m。

低压地埋电力线路,使用管理方便,在农村发展很快。但在白

蚁聚居区、鼠类活动频繁地区、土壤中明显地含有破坏塑料性能的物质、岩石结构、大量尖硬杂质的地区，不宜采用。

四、对地埋线路的技术要求

对于最大低压(380V)R的供电路线，一般输送功率不超过50kW，输送距离不宜超过 1km。当输送距离超过 0.5km，应在中间设接线箱，箱内装有开关和保险丝等。

必须采用地下直埋电线，严禁用普通电线代替。

地埋电线应采取护套：北方宜采用耐寒护套；南方可采用普通护套或聚乙烯护套。

五、地埋线的截面选择

地埋线截面选择必须满足以下两个重要条件：① 自配电变压器二次侧出口至供电终端的允许电压损失，为额定电压的 7%；② 线路的最大工作电流，不应大于地埋线的安全载流量。农用地下直埋铝芯电线的安全流量见表 8-3。

第九章　　水土保持

第一节　　山洪防治

山洪是指山区在暴雨作用下,由地表径流汇集成的沟谷或河谷洪流。由于山坡陡峻,河床比降大,侵蚀强度大,汇流时间短促,因此山洪暴涨暴落,而且往往含有大量泥沙,成为山区的一大灾害,常见有谷坊、跌水和陡坡3种防治方式。

一、干砌块石谷坊

谷坊(图 9-1)是指在山洪沟上游修建的拦水截沙的低坝。修建谷坊后,山洪沟水位抬高,水力坡度和流速降低,水流挟沙能力也随之降低,泥沙淤积于谷坊前,稳定山洪沟沟岸。因此谷坊具有固定河床、防止沟床下切和沟岸坍塌、截留泥沙、改善沟床坡降、削减洪峰、减免洪灾损失的作用。在山洪沟整治中,应充分利用谷坊截留泥沙、削减洪峰、防止沟床下切和沟岸崩塌。

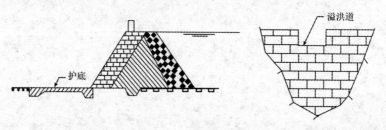

图 9-1　干砌块石谷坊

当沟床整段受冲刷时,应连续设置谷坊群,各谷坊之间沟床设计纵坡应满足稳定坡度要求。山洪沟设计坡有两种考虑:一是按照纵坡为零考虑,即上一个谷坊底标高与下一个谷坊溢流口标高齐平;二是纵坡大于零,小于或等于稳定坡降。各类土壤的稳定坡降如下:沙为0.05;黏壤土为0.008;黏土为0.01;粗沙兼有卵石为0.02。

　　谷坊间距,即相邻两谷坊之间的水平距离。在山洪沟坡降不变的情况下,与谷坊高度接近正比(图9-2),可按照下式计算。

$$L = \frac{h}{i - i_0} \tag{9-1}$$

式中:L为谷坊间距(m);

　　　h为谷坊高度(m);

　　　i为沟床天然坡降;

　　　i_0为沟床稳定坡降。

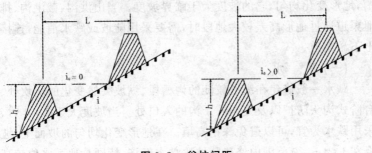

图9-2　谷坊间距

　　谷坊高度和谷坊间距两者相互制约,在沟底比降不变时,两者成正比。谷坊越高,间距越大。谷坊高度与沟谷深度和设计流量大小是正相关;间距则由沟谷高度和沟谷稳定比降决定。

二、跌水、陡坡

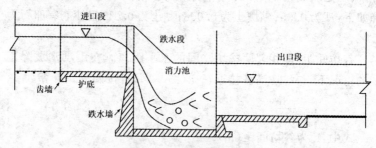

图 9-3　跌水布置示意图

跌水和陡坡是调整山洪沟或排洪渠道底纵坡的主要构筑物。跌水是使水流在某一断面突然降落的构筑物；陡坡实际上是急流槽，地形变化均匀，它的坡度大于临界坡度。当山洪沟、截洪沟、排泄渠道通过地形高差较大地段时，需要采用陡坡或跌水消能，连接上下游渠道。

（一）跌　水

跌水一般修建在纵坡较陡的沟槽段、纵坡突然变化的陡坎处、台阶式沟头防护以及支沟入干沟的入口处。当坡度大于 1：4 时，采用跌水为宜，可以避免深挖高填。在地形变化均匀的坡面上，坡降在 1：4～20 范围内修建陡坡比跌水经济，特别是地下水位较高的地段施工方便。山洪沟的深度一般较小，有利于下游消能。跌水高差在 3m 以内，宜采用单级跌水，跌水高差超过 3m 宜采用多级跌水。这样比较经济，消能设施简单。

按照结构和功能，跌水可以划分为进口段、跌水段和出口段（图 9-3）。

（二）陡　坡

陡坡可以为进口段、陡坡段和出口段 3 个部分（图 9-4）。

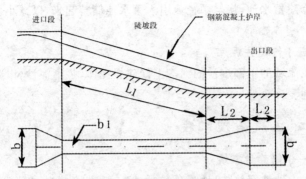

图 9-4　陡坡布置示意图

陡坡段平面布置应力求顺直,陡坡宽与水深的比值宜控制在 $10 \sim 20m$,以避免产生冲击波。陡坡护底在变形缝处应设齿坎,变形缝内应设止水或反滤盲沟,必要时可同时采用。在陡坡护底变形缝内应设止水,可以防止水流淘刷基础,影响底板安全。设置排水盲沟,可以减小渗透压力,在季节性冻土地区,还可避免或减轻冻害。陡坡护底设置人工加糙,以降低水流速度,有利于下游消能。

第二节　泥石流防治

泥石流防治是一项由多种措施组成的系统工程,本节简要介绍以下 3 个方面工程防治措施。

一、蓄水拦泥工程

(一) 修建山塘水库

在流域上游有条件的山沟上修建山塘和水库,拦蓄径流,减小山洪,既保持了水土,又可利用所蓄的水进行灌溉,抗旱防灾。

(二) 修建田间蓄水工程

利用田间局部洼地和坑穴,修建池塘和水窖,或利用田边零星

土地修建蓄水池,将暴雨径流引入蓄水池储蓄起来,以减小坡地径流

(三)修建拦泥库

在流域的中部多沙的河沟上修建拦泥库,拦蓄泥沙,以减少河道中的泥沙含量

二、山坡治理工程

(一)修建鱼鳞坑

在山坡坡度较陡,地形破碎的地方,开挖鱼鳞状的小坑,称为鱼鳞坑(图 9-5)。也就是山坡上交错地开挖小坑,将坑中挖出的土堆筑在坑前的周边,作为土堤,堤高为 0.2～0.5m,呈半月形,并在坑上方的左、右两角各挖一条小沟,以便引入坡面径流。同时,坑中还可种树木和作物。

(二)修建水平沟

在坡度较缓的山坡上,沿等高线开挖小沟,即所谓水平沟。沟的底宽为 0.3～0.4m,沟深为 0.3～0.4m,水平间距约为 2.5～3.0m。将沟中挖出的土堆筑在沟边形成沟坡,沟中尚可种植树木(图 9-6)。

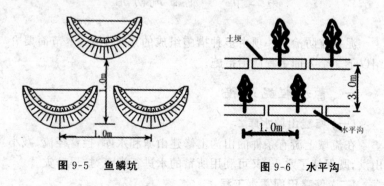

图 9-5　鱼鳞坑　　　　　　图 9-6　水平沟

（三）修建水平沟连蓄水坑

在坡度大于 35° 的山坡上，水平距离每隔 1m 开挖一条水平沟，水沟的中间每隔 1m 左右挖一个蓄水坑，将水平沟所拦截的地表径流储蓄在蓄水坑中。

三、沟壑治理工程

沟壑治理是对已经冲蚀的山沟进行治理，以防沟壑的进一步冲蚀和在雨季暴发山洪。沟壑的治理主要包括两方面，即修建沟头保护工程和谷坊工程。

（一）沟头保护工程

沟头保护的目的是防止现有的沟壑进一步发展，沟头保护工程有下列两种类型。

1. **层状半环形水平沟**　在沟首处沿等高线开挖一定长度、中间间断水平沟，并将沟中挖出的土堆筑在沟前形成土埂上，如图 9-7(a) 所示。通常每隔 1m 修筑一条，建成围绕沟首的环形层状水平沟，如图 9-7(b) 所示。环形沟是由小沟及土埂所组成，沟深约为 70cm、底宽 35cm、顶宽约为 100cm，土埂高 70cm、底宽 100cm、顶宽 35cm，小沟与土埂的间距为 50cm。为了防止从沟中渗出的水不致沿山坡流动而引起山坡崩塌，第一道环形沟距沟壑边的距离应为 2～3 倍或5～10m，各环形沟之间的间距为 L＝h/i，其中 h 为土埂的高度，i 为地面最大坡度。同一条半环形沟应在同一条等高线上，而沿土埂的长度方向上，土埂的顶部高程应在同一水平面上。因此，沿流域地表面流来的径流就被拦蓄在沟中，当沟中蓄满水后，剩余的水即从环形沟间断处流向下一条沟中。为了防止环形沟间断处产生冲刷，应用草皮、排柳、砌石等进行保护。

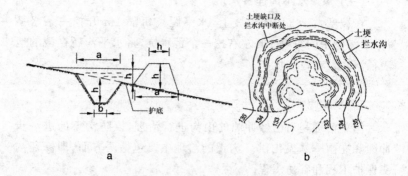

图 9-7　层状半环形水平沟

　　2. 封闭状土埂排水沟　　沿沟壑四周挖排水沟,将从排水沟中挖出的土在排水沟壑的一侧填筑土埂,形成土埂排水沟。土埂应围绕沟壑的四周填筑,与等高线成锐角斜交,借助土埂将沿山坡流下来的雨水拦截在排水沟内。同时在沟壑底部开挖排水渠道。沿山坡流下来的雨水,被土埂拦截进排水沟中,并沿排水沟分别从进水口流入排水渠,经谷底流入流域的容泄区。土埂的高度一般为35～70cm,底宽为75～100cm,土埂应分层夯实,上面覆盖厚度为5cm的腐殖土和草皮,土埂底部应修截水槽,槽宽约40cm,槽深约20～25cm。排水沟及土埂做成折线形,土埂距沟壑边缘距离约为5～15cm。当山坡较陡,排水沟的坡度也较大时,在排水渠的进口(排水沟末端)处应设静水池,以缓冲水流,防止冲刷排水渠。

　　(二) 谷坊工程

　　结构图详见第一节。

第十章 管道工程施工技术

第一节 概　述

　　管道输水灌溉工程具有工程隐蔽、投资较大、使用时间长等特点。为了保证工程投入使用后正常运行,必须从设计、施工和运行管理等环节进行严格把关。设计是基础,安装施工是保证,运行管理是关键,发挥效益是目的。施工安装具有承上启下的作用,实施时必须制定详细的施工计划,严格按照施工程序,认真执行设计意图,精心施工,为今后的运行管理和效益发挥提供保证。

一、管道施工程序

　　① 熟悉图纸和有关技术资料。

　　② 测量放线。

　　③ 管槽准备。

　　④ 管道与设备安装。

　　⑤ 管道与设备连接。

　　⑥ 首部工程安装。

　　⑦ 试压及冲洗。

　　⑧ 试运行。

　　⑨ 竣工验收。

二、管道施工应具备的条件

　　① 设计图纸及其他技术文件完整齐全,确认具备施工要求。

　　② 临时供水、供电等设施已能满足施工要求。

③ 制定的施工计划和方案已确认可行,技术交底和必要的技术培训工作已经完成,并填写表 10-1 以作记录。

④ 管材、管件及其他设备已备齐,并经检验符合设计要求。

⑤ 与管道安装有关的施工机具已经就位,且能满足施工技术及进度要求。

表 10-1　施工技术交底记录表

工程名称		施工单位	
分部分项工程名称		施工人员	
工程数量		计划完成时间	
技术负责人		交底人		交底	
1.质量标准要求			
2.操作技术方法及措施			
3.安全操作事项			
4.其他注意事项			

三、管道安装的一般规定

① 管道安装前要认真复测管槽、建筑物基坑是否符合图纸要求。

② 管道安装时,如遇地下水或积水,应采取取排水措施。

③ 检查地基的承载能力和稳定性,对不符合设计要求的地方进行处理,然后再进行安装。

④ 管道跨越公路、沟道等处时,应采取加套、砌筑涵洞或架空等措施加以保护。

⑤ 附属设备(如闸阀、水表等)与管道连接后,应垫置加固支撑,避免设备的重量加压在管道上。

⑥ 管道安装施工过程中,及时填写施工记录并分施工内容进行阶段验收(表 10-2),尤其对一些意外情况的处理应填写清楚。

⑦ 管道安装工作间断期间,应及时封闭敞开的管口。

⑧ 管道连接时,应严格按照已定的施工方法和程序进行。确需变更时,必须经技术主管签字,同意后方可实施,并记录在案。

⑨ 管道工程完成后,及时整理施工记录,绘制竣工图,编写竣工报告等,以备竣工验收。

表 10-2　管道安装施工记录(阶段验收情况)表

工程名称	
分部分项工程名称	

管线号:　　　　　管径:　　　　　材质:

连接方法:

简图及简要说明:

施工单位:　　　　负责人:　　　　技术负责人:

施工人员:

四、施工组织与准备

(一) 施工组织

加强施工组织管理,对于正确实施设计,按期完成施工任务,保证工程质量,降低工程成本具有重要的意义。因此必须根据工程需要建立健全必要的施工组织、制定详细的施工计划,做好施工准备工作。

根据工程需要成立领导、技术人员组成的施工组织领导机构,协调各项工作,编制详细的施工计划,培训技术人员、料物调配、组织施工队伍,指导现场施工等工作。

(二) 施工准备

1. **施工人员培训**　施工前,要对施工人员进行必要的技术培训和思想教育。在技术上,要使施工人员熟悉设计图纸、掌握施工方法和程序;在思想上,要使施工人员认识到施工对整个工程的重要性。

2. **料物准备** 为保证工程顺利施工,施工前应做好料物及施工设备的采购供应工作。严格按照设计要求采购、验收、保管和供应。

3. **施工过程中的管理** 施工过程中应严格按管道安装规定要求,把好材料验收、施工质量等各环节,避免留下隐患,影响工程运行。

第二节 管槽准备

一、测量放线

测量放线就是按设计图纸要求,将各级管道、建筑物的位置落实到地面上。一般用经纬仪、水准仪定出管槽开挖中心线和宽度,用石灰标出开挖线。在管道中心线上每隔30～50m打桩标号,在管线的转折处、有建筑物和安装队属设备的地方及其他需要标记的地方也要打桩。绘制管线纵横断面图、建筑物和附属设备基坑开挖详图等。

二、管槽开挖

(一)管槽断面形式尺寸

管槽的断面形式根据现场土质、地下水位、管材种类和规格、最大冻土层深度以及施工方法确定。目前管道铺设多采用沟埋式,其断面形式主要有矩形、梯形和复合式3种(图10-1)。根据实践经验,管槽的底部开挖宽度和深度一般按式(10-1)至(10-3)计算。

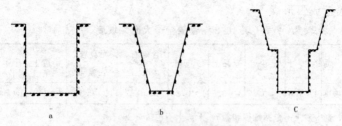

图 10-1 管槽断面形式

a 矩形断面 b 梯形断面 c 复式断面

$$D\leqslant 200mm \text{ 的管材} \qquad B=D+0.3 \qquad (10\text{-}1)$$
$$D>200mm \text{ 的管材} \qquad B=D+0.5 \qquad (10\text{-}2)$$
$$H\geqslant D+h+0.1 \qquad\qquad\qquad (10\text{-}3)$$

式中：B 为管槽底部宽度(m)；

D 为管子的外径(m)；

H 为管槽的挖开挖深度(m)；

h 为最大冻土层深度(m)。

管槽的开挖深度除满足公式(10-3)外，还应满足外载结构设计要求，如为塑料管，其最小埋深不能小于 0.7m。人工开挖并将土抛于槽边的管槽壁的最大允许坡度可参考表 10-3 和图 10-2。

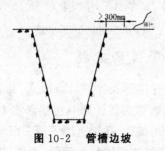

图 10-2 管槽边坡

(二) 管槽开挖应注意的几个问题

管槽槽底为弧形时，管子的受力情况最好，因此应尽可能将管槽底挖成弧形。

表 10-3　管槽壁最大允许坡度

土　质	砂　土	亚砂土	亚黏土	黏　土	含砾石，卵石土	泥炭岩，白垩土	干黄土	石　槽
边坡坡度	1：1.0	1：0.67	1：0.5	1：0.33	1：0.67	1：0.33	1：0.25	1：0.05

注：1. 表中砂土不包括细砂和粉砂，干黄土不包括黄土

　　2. 在个别情况下，如有足够依据或采用机械挖槽，均不受此表限制

管线应尽量避开软弱、不均质地带和岩石地带。如无法避开，必须进行基础处理。

对于塑料管、钢管、铸铁管或石棉水泥管一般采用原土地基即可。对于松软土或填土应进行夯实，夯实密实度应达到设计要求；对于地下水位较高，土层受到扰动时，一般应铺 150～200mm 的碎石垫层进行处理，对于坚硬岩石可采取超挖，再回填沙土的办法来处理。

为方便管道连接安装，管槽弃土应堆放在管槽的同一侧，最少 0.3m 以外处。

第三节　管道系统安装

一、硬塑料管道的连接

硬塑料管道的连接形式有扩口承插式、套管式、锁紧接头式、螺纹式、法兰式、热熔焊式等。同一连接形式中又有多种方法，不同的连接方法其适用条件、适用范围不同。因此在选择连接形式、连接方法时，应根据被连接管材的种类、规格、管道系统设计压力、施工环境、连接方法的适用范围、操作人员技术水平等进行综合考虑。

(一) 扩口承插式连接

扩口承插连接是目前管道灌溉系统中应用最广的一种形式。其连接方法有热软化扩口承插连接法、扩口加密封圈承插连接法和胶接粘合式承插连接3种。

1. 热软化扩口承插连接法　是利用塑料管材对温度变化灵敏的热软化、冷硬缩的特点,在一定温度的热介质里(或用喷灯)加热,将管子的一端(承口)软化后与另一节管子的一端(插口)现场连接,使两节管子牢固地结合在一起。接头的适宜承插长度视系统设计工作压力和被连接管材的规格而定。利用热介质软化扩口,温度比较容易控制,加热均匀,简单易学,但受气候因素影响较大;利用喷灯直接加热扩口,受气候因素的影响较小,温度不易控制,但熟练后施工速度较快。

热软化扩口承插连接法的特点:承口不需预先制作,田间现场施工,人工操作,方法简单,易掌握;连接速度快;接头费用低;适用于管道系统设计压力不大于 0.15MPa、管壁厚度不小于 2.5mm 的同管径光滑管材的连接。

热介质软化扩口安装时,管子的一端为承口,另一端为插口。将承口长 1.2～1.6 倍的公称外径浸入温度为 130℃±5℃ 的热介质中软化 10～20s,再用两把螺丝刀(或其他合适的扩口工具)稍微扩口的同时插入被连接管子的插口端。扩口用设备有加热筒、热介质(多用甘油或机油)、螺丝刀、简易炉具、燃料(木柴或煤炭)等。

喷灯直接加热法安装前,先将插口端外壁用锉刀加工成一小斜面。施工时,打开喷灯均匀加热管子承口端,加热长度为 1.2～1.6 倍的公称外径,待其柔软后,用两把螺丝刀(或其他合适的扩口工具)稍微扩口的同时插入被连接管子的插口端。加热法的扩口工具有汽油喷灯、螺丝刀等。

2. 扩口加密填封圈连接法　主要适宜于双壁波纹管和用弹

性密封圈连接的光滑管材。管材的承口是在工厂生产时直接形成或生产出管子后再加工制成的,为达到一定的密封压力,插头处套上专用密封橡胶圈。

其特点基本与热软化承插法相同,但接头密封压力有所提高,可用于管道系统设计压力为 0.4MPa(或更高)的光滑、波纹管材的连接,接头密封压力不小于 0.50MPa。

操作步骤:① 对于两端等径、平口的管子,施工前根据系统设计工作压力和管材的规格来确定承口长度,并先加工承口;即将管子的一端浸入温度为 130℃±5℃ 的热介质中软化(或其他加热方式),用直径稍大于管材外径的专用撑管工具插入已软化的管端,加工成的承口,再运到施工现场进行连接安装;② 出厂时已有承口的管材,可直接进行现场承插连接。

3. 胶接粘合式承插连接法 是利用粘合剂将管子或其他连接物胶接成整体的一种应用较广泛的连接方法。通过在承口端内壁和插头端外壁涂抹粘合材料承插连接管段,接头密封压力较高。

常用的粘合材料有胶接塑料的溶剂、溶液粘合剂和单体或低聚物三大类。

溶剂粘接,利用溶剂既易溶解塑料又易挥发的特点,把溶剂均匀涂抹在承口内壁和插口外壁上,承插管子并将插口管旋转 1/2 圈,使两节管子紧紧地粘合一起。硬聚氯乙烯常用的溶剂有环己酮、四氢呋喃、二氯甲烷等。

粘合剂是利用与被胶接塑料相同或相似的树脂溶液来进行连接。硬聚氯乙烯可有和重量比为 24% 的环己酮、50% 的四氢呋喃、12% 的二氯甲烷、6% 的邻苯二甲酸二辛脂、8% 的聚氯乙烯树脂配成的粘合剂进行连接。与溶剂粘接相比,粘合剂溶液中的树脂可以填塞胶接强度。另外,由于溶液粘合剂的黏度较纯溶剂大,挥发速度较纯溶剂小,因此对胶接施工比较方便有利。管道灌溉系统中多采用此法。

利用单体或低聚物连接时,需在所用的单体或低聚物中加入催化剂和促进剂,以使其能在常温或稍微加热的情况下迅速固化。该种方法除用于硬聚氯乙烯等热塑性塑料的胶接外,还可用于塑料与金属之间的胶接。

粘合剂的种类很多,除市场上出售的供选择外,还可自己配制。在管道灌溉系统中使用时,应根据被胶接管道的材料、系统设计压力、连接安装难易、固结时间长短等因素来选取适合的粘合剂。

使用粘合剂连接管子时,应注意几点:

① 被胶接管子的端部要清洁,不能有水分、油污;

② 粘合剂要涂抹均匀;

③ 接头间缝隙较大的连接件不能直接进行连接,应先用石棉等物填塞后再进行涂胶连接;

④ 涂有粘合剂的管子表面发黏时,应及时进行胶接,并稳定一段时间;

⑤ 固化时间与环境温度有关,使用不同的粘合剂连接,其固化时间也大不相同。

几种常见管材连接时所适用的粘合剂见表 10-4。

表 10-4　几种常见管材连接时所适用的粘合剂

连接管材	适用粘合剂
聚氯乙烯与聚氯乙烯	聚脂树脂、丁腈橡胶、聚氯脂橡胶
聚乙烯与聚乙烯、聚丙烯与聚丙烯	环氧树脂、苯醛甲醛聚乙烯醇缩丁醛树脂、天然橡胶或合成橡胶
聚氯乙烯与金属	聚酯树胶、氯丁橡胶、丁腈橡胶
聚乙烯与金属	天然橡胶

（二）套管式连接

套管式连接是用专用套管将两节管子连接在一起,其接头的承压能力不应低于管材的公称压力。

连接时,将两节(段)管子用套管涂抹粘合剂后承插连接。固定式套管,接头与管子连接后成为一整体,不易拆卸,接头成本较低;活接头,接头与管子连接后也成为一整体,但管子与管子之间可通过松紧螺帽来拆卸,接头成本较高,一般多用于系统中需要经常拆卸之处。

（三）锁紧接头式连接

这种连接方式是将两节(段)管子用的接头通过紧锁箍连接在一起,能承受较高的压力。锁紧接头主要用于塑料管与塑料管之间的连接,锁紧接头也用于塑料管与金属管之间的连接。锁紧接头式连接多用于粘合剂连接不方便的聚乙烯、聚丙烯等管材以及系统设计压力较高的聚氯乙烯管材的连接,尤其适宜于厂家生产的单根长度较长的管材连接。

此外,还有相应管径的各种三通、变径管、弯管等选用。

（四）螺纹式连接

螺纹式连接多用于管径较小(不大于 75mm)、管壁较厚(不小于 2.5mm)的管材连接。其连接形式是将被连接管材一端加工成内螺纹,依次连接。

用螺纹连接的管子,由于管端套丝,其端部的强度有所降低,影响了管道的整体使用压力,选用时应考虑到这一点。

（五）法兰式连接

法兰式连接是将管子的两端焊接或热压法兰盘,用螺栓把两节管子连接在一起,两法兰盘间用软质塑料或橡胶密封。法兰式连接适合于设计压力不太高的管道系统,方法简单,连接、拆卸方便。但由于在生产管材时不便于一次将管子两端形成法兰盘,需二次加工,因此在管道灌溉系统中应用不多。

(六) 热熔焊接式连接

热熔焊接式连接是将两节管子对焊在一起,有对接热熔和热空气焊接两种形式。

对接熔接是在两节的端面之间用一块电热金属片加热,使管端呈发黏状态,抽出加热片,再在一定的压力下对挤,自然冷却后即牢固结合在一起。

热空气焊接是用热空气把接缝熔融或用焊条把接缝焊合在一起。

热熔焊接式连接不便于野外施工,工程量较大不便采用,一般多用于管道的修复。

二、软管连接

软管的连接方法有揣袖法、套管法、快速接头法等。

(一) 揣 袖 法

揣袖法就是顺水流方向将前一节软管插入后一节软管内,插入长度视输水压力的大小决定至不漏水为宜。该法多用于质地较软的聚乙烯软管的连接,特点是连接方便,不需要专用连接工具或其他材料,但不能拖拉。连接时,接头处应避开地形起伏较大的地段和管路拐弯处。

(二) 套 管 法

套管法一般用长 15 ~ 20cm,将两节软管套接在硬塑料管上,用活动管箍固定,也可用铁丝或其他绳子绑扎。该法的特点是接头连接方便,承压能力高,拖拉时不易脱开。

(三) 快速接头法

软管的两端分别连接快速接头,用快速接头对接。该法连接速度快,接头密封压力高,使用寿命长,是目前地面移动软管灌溉系统应用最广的一种连接方法,但接头价格较高。

三、水泥预制管道的连接

水泥预制管材每节长 1～1.5m,接头处连接复杂,管路中只要有一节管道接头漏水,就会影响管线输水,为确保管线不渗不漏,管道接头的连接成为管道安装施工中的关键工序。首先,铺设的管道必须经过严格挑选,龄期应满 28 天,管材完整、光洁、无裂纹、无损伤。水泥预制管材的接头方法有多种,本节介绍两种比较经济实用,简单易行的连接方法,即纱布包裹砂浆法和塑料油膏粘合法。管口的主要形式有平口式和承插口式。水泥预制管与管件的连接除采用上述方法外,有时直接采用水泥砂浆连接。

(一) 平口式预制管的接头技术

1. 一纱二浆接头法

(1) 铺设管底砂浆及纱布   将管子放入基槽后,在两管对接处挖宽 10cm、长 15cm、深 3cm 的弧形小沟槽,槽底铺入一层 1:3 水泥砂浆,上铺宽 10cm、长略大于管外圆周长的纱布(约为管周长的 1.2 倍),以便搭接,纱布上再铺一层砂浆,紧贴管底。

(2) 管子对接   竖起下一节管子,用钢刷清理管口,浇水湿润,管内放入铁制内圆模。内圆模露出管端5cm,管口抹1:2水泥砂浆。内圆模紧贴管内壁,以阻止砂浆挤进管内。砂浆拌好后,将管子对准前一节管口用力推上,挤出浆液,然后抹平管口溢出的浆液。

(3) 包砂浆带   在接口处抹一层 1:3 砂浆带,与管底砂浆衔接。拉起已铺好的纱布,包裹砂浆带,用瓦刀自下而上拍打,挤压纱布,使内层砂浆透出纱布网眼,再在纱布外抹一层 1:3 砂浆,使之与底层砂浆衔接好,压实、抹光表面,抽出管中内圆模。包裹的一层纱布,两层砂浆总厚约 2cm、宽 10cm 左右。铺好的管子及管口接头要立即覆盖 20cm 左右厚湿土养护,以防暴晒产生裂纹。

2. 塑料油膏接头   塑料油膏是一种新型防水材料,即在有机化合物内掺入适量无机化合物加工而成。该材料粘结性强,耐低温,用于管道接头防渗,施工简单易行,不受季节气候影响。施工时,在管子两端抹一层经熔化并拌有水泥的粥状塑料油膏,对接挤紧两节管子,在管下槽内铺宽10cm、长大于管子外周的编织袋或土布,布的上面均匀涂上油膏搭接好,覆土自然养护。

(二) 承插口式预制管的接头技术

用1:1水泥砂浆沿承口用力承插,并检查管口是否吻合;对好后随时向管身中部两侧填土固定,防止管身滚动;然后用捣缝工具将1:3水泥砂浆分次捣入缝隙中,要做到填料密实;最后再用1:2的水泥砂浆沿承口外缘抹一个三角形封口体,并用瓦刀将砂浆压实。接头工序完成后,再覆20~30cm厚湿土养护。

四、石棉水泥管的连接

石棉水泥管管壁薄,脆性比水泥预制管更大,其管口为平口式,连接方法主要有以下几种。

(一) 全刚性套筒接头

全刚性套筒接头的填料采用油麻及石棉水泥。连接时,先将套筒一端安装在一管端上,然后与另一管端接头,放入填料后打口即可。

(二) 半刚半柔性套筒接头

半刚半柔性套筒接头连接时,先将套筒装在柔性接头的管段端部,下入管槽后另一管段插入套筒,对准接口,放入填料后打口。

(三) 全柔软性法兰接头

全柔软性法兰接头是用铸铁法兰、长螺栓压紧两只橡胶圈,以达到连接管段防止漏水的目的。这种连接方式具有弹性和活动的余地。

以上3种接头方式是已定形的接头方式,接头材料均由厂家提供。对于一般土质,厂家供应时一般按以下比例搭配:全刚性／半柔性＝3/1,半柔软性／全柔性＝4/1。对于土质复杂的管槽,应根据实际情况增加柔性或半柔性接头比例。

(四) 树脂刚性接头

1. **分类**　树脂粘接剂有两种。一种配方为6101号环氧树脂100份,乙二胺12份,磷苯二甲酸二丁脂肪15份;另一种配方为6101号环氧树脂100份,聚酰胺30份。

2. **粘接方法与步骤**　准备两种粘接剂待用,一种为纯粘接剂A,另一种为用纯粘接剂A加200份水泥混合而成的粘接剂B。粘接时,先将管口刷净对齐,然后用粘接剂B涂抹接口处,再用10cm宽的玻璃布,边缠边涂粘接剂A,缠3层即可。气温在15℃以上时,放置24h即可固化。

3. **粘接注意事项**　树脂刚性接头主要适用于小口径的管材连接。在粘接过程中应注意:防水、防撞击,以免发生裂缝;配好的粘接剂应在1h内用完;树脂粘接剂本身收缩率较大,在连接管道时应每隔30m左右使用一个橡皮套柔性接头。

(五) 橡皮套柔性接头

1. **材料**　橡皮套柔性接头主要由橡皮套管、橡皮垫、半圆铁卡箍和橡皮条组成。橡皮套管是用橡皮做成的厚5mm、长22～25cm,内径比石棉管外径小1.5～2cm。橡皮垫是用1cm厚的橡皮做成、与石棉管直径相同的圆环。半圆铁卡箍宽3～5cm,厚5mm。橡皮条可用废弃的车内胎做成,其长度为管外径的2倍。一个橡皮套柔性接头需用1个套管、1个橡皮垫、4个铁卡箍、1根橡皮条。

2. **安装方法**　先把橡皮套的1/2套到石棉管的一端,把剩下的1/2翻到已套好的1/2橡皮套上;再将两节相接的石棉管口对齐,把橡皮垫放在两节管的端面之间对紧,用橡皮条缠绕两层;然后将翻过去的1/2橡皮套翻过来压紧在上面;最后用铁卡箍将橡皮套两头卡紧,拧紧螺丝。卡箍的间距为12cm。以上接头形式是在实践中探索出的比较简便实用的接头形式,接头材料可以自己购买制作。

石棉水泥管与铸铁管或钢筋混凝土管相衔接时,均应采用全柔性或半刚半柔性接头。

五、普通铸铁管及钢筋混凝土管的连接

铸铁管、钢筋混凝土管的连接多为承插式,其接头形式有刚性接头和柔性接头两种。连接安装前应首先检查管子有无裂纹、砂眼、结疤等缺陷,用喷灯或氧乙炔焰烧掉管承口内和插口外的沥青,并用钢丝刷将承插口清理干净。

承插接头常用的填料有水泥、青铅和油麻、橡胶圈、麻等。通常把油麻、胶圈等称为嵌缝材料,把水泥、青铅等称为密封材料。

(一) 刚性接头

嵌缝材料为水泥类的接头称为刚性接头,刚性接头抗震动性能和抗冲击性能不高,但材料来源丰富,施工方法比较成熟,是最常用的方法。

刚性接头的嵌缝材料主要为油麻。油麻要有韧性、纤维长、无麻皮,用石油沥青浸透晾干。油麻辫的粗细应为接头缝隙的1.5倍。打麻之前先用斜铁将承插口间隙调匀,然后用麻凿将油麻打入缝隙内,每圈麻辫应相互搭接100～150mm,并压实打紧。打紧后的麻辫填塞深度应为承插深度的1/3,且不超过承口三角凹槽的内边。

1. 石棉水泥接头　石棉水泥接头有一定的抗震和抗弯性能,密实度也较好,但劳动强度大,效率低。一般地基均可采用。

一般选用4级石棉绒,纤维长度不短于5mm。水泥、矿渣水泥,如遇酸性地下水时,宜用火山灰水泥,水泥一般为425号。石棉水泥材料的配合比为3:7(重量比),水与水泥加石棉重量之和

的比为 1:10 ～ 12。调匀后手捏成团,松手跌落后散开即为合适。

填塞时,应自上而下填灰,分层填打,每层应不少于两遍。填后表面应平整严实。填塞深度为接头深度的 1/2 ～ 2/3。

2. 膨胀水泥接头　膨胀水泥接头的特点是减少了水泥打口的工作量,把水泥调匀后用灰凿塞入捣实抹平即可,施工简单,劳动强度小。

膨胀水泥砂浆的配合比一般为膨胀水泥:砂:水 = 1:1:0.3。

拌和膨胀水泥用的砂应为洁净的中砂,粒度为 1.0 ～ 1.5mm,洗净晾干后再与膨胀水泥拌和。

膨胀水泥因水化比大,连接后应注意养护,夏季用水养护时间不少于 48h,冬季养护时间不少于 72h,且注意防冻。

3. 石膏氯化钙水泥接头　这种接头也是一种膨胀水泥接头,材料由工地现用现配,避免了膨胀水泥受存放期限制的问题。石膏是膨胀剂,氯化钙是快凝剂。

接头嵌缝材料配比为水泥:石膏:氯化钙 = 0.85:0.1:0.05(重量比),用 20% 的水拌和。拌和时,先将水泥和石膏拌和均匀,再将氯化钙溶于水中,最后再用氯化钙水溶液与石膏水泥拌和。一次拌和料只供一个接头使用,在 10min 左右的时间内必须用完,否则将会失效。

4. 添刷防水剂的石棉水泥、纯水泥填料接头　施工时,在嵌缝材料填打之前,可在防水剂中浸泡 1 ～ 2min,每道捻打灰料后,在捻打的灰料表面上涂刷防水剂一遍,分层捻打,分层涂刷,一般养护 1 ～ 2h,管道系统即可投入使用。防水剂可用水玻璃或市场上出售的混凝土防水药水。

5. 掺添氯化钙的石棉水泥填料接头　填料重量配合比为 425 号普通硅酸盐水泥:石棉绒:无水氯化钙(纯度为 75%) = 9:1:0.02。

氯化钙以 1:1 的比例溶化在温水里,水泥和石棉绒混合拌匀,再加入上述水溶液拌和均匀,按石棉水泥填料法操作捻打。捻打完毕后 30min 即可投入运行,可承受 0.3MPa 的水压力。

6. **不捻打快速填料接头** 该法所用材料及配比为 425 号普通硅酸盐水泥:半水石膏:无水氯化钙=100:10:5。水灰比与膨胀水泥砂浆填料相同。配料时,先将水泥和石膏混合均匀,然后用 1:1 氯化钙水溶液拌和灰料,接头操作同膨胀水泥接头。接头施工完毕后 2h 可通水。

以上介绍的 6 种刚性接头方法,前 3 种主要用于正常施工时使用,后 3 种主要用于工程抢修时使用。

(二) 柔性接头

使用橡胶作为止水件的接头为柔性接头。橡胶圈具有较好的可塑性,因此柔性接头能适应一定量的位移和震动。胶圈一般由管材生产厂配套供应。

施工程序为:

① 清除承插口工作面上附着的污物;

② 向承口斜形槽内放置胶圈;

③ 在插外侧和胶圈内侧涂抹肥皂液;

④ 将插口引入承口,确认胶圈位置正常、承插口的间隙符合要求后,将管子插入到位,最后管身覆土以稳定管子。用柔性接头承插的管子,承口和插口既不能顶也不能间隙过大。对于公称直径小于 75mm 的管道,沿直线铺设时其间隙一般要求为 4mm;公称直径为 100～250mm 的管道,沿直线铺设时其间隙一般要求为 5mm,沿曲线铺设时为 10～14mm。

六、管件的连接

材质和管径均相同的管材、管件的连接方法与管道连接方法相同;管径不同时由变径管来连接。材质不同的管材、管件连接需通过加工一段金属来连接,接头方法与铸铁管连接方法相同。

七、附属设备的安装

附属设备的安装方法一般有螺纹连接、承插连接、法兰连接、管箍式连接、粘合连接等。这些连接方法中如承插连接、粘合连接等。在工程设计时,应根据附属设备维修、运行等情况来选择连接方法。

公称直径大于 50mm 的阀门、水表、安全阀、进(排)气阀等多选用法兰连接;给水栓则可根据其结构形式,选用承插或法兰连接等方法;对于压力测量装置以及公称直径小于 50mm 的阀门、水表、安全阀等多选用螺纹连接。水表、压力表的安装可参考第七章。

与不同材料管道连接时,需通过一段钢法兰管或一段带丝头的钢管与之连接,并应根据管材的材料采取不同的方法。与塑料管连接时,可直接将法兰管或钢管与管道承插连接后,再与附属设备连接。与混凝土及其他材料管连接时,可先将钢法兰管或带丝头的钢管与管道连接后(连接方法可参考钢筋混凝土管连接方法),再将附属设备连接上。

(一)承插连接

以 GIY3-H/L 型系列平板阀移动式给水栓为例。该系列给水栓可由塑料管道、混凝土管道、外护坞式管道等系统,与地下管道连接。地下主管道为塑料管时,立管可用塑料管或现浇混凝土管;地下主管道为混凝土管时,立管可用预制混凝土。

(二)法兰连接

以 G3B1-H 型平板阀半固定式给水栓和阀门为例。施工安装时,给水栓通过法兰、三通与地下主管道连接。阀门则通过金属法兰短管与管道连接。

八、首部安装

使用潜水泵的管道工程,首部安装主要是水泵与管道的连接,为便于维护水泵,一般采用法兰连接。使用离心泵的工程,首部枢纽一般包括水泵、电机、控制阀门等,它们的连接也多是采用法兰或螺纹连接。

九、其他附属设施的施工

其他附属设施包括阀门井、镇墩等。阀门井一般用砖砌筑,其尺寸应以方便操作及拆装阀门来确定。

第四节　现场连续浇筑混凝土管施工技术

现场连续浇筑混凝土管,简称现浇管,是指现场浇筑成形的素混凝土管、水泥砂浆管或灰土管等。这类管材的突出特点是在现场连续浇筑成形,整体性好,施工速度快,又可广泛采用当地材料,造价低廉,受到农民群众欢迎,可因地制宜推广应用。

一、电动滑模二次成形现浇混凝土管施工技术

电动滑模二次成形现浇混凝土管分上、下半管浇筑,按工艺要求保证在两半管的结合部位均匀抹浆,并在混凝土初凝期内使两半管复合成整管,两次成形的结合部位具有足够的抗拉强度和抗渗性能。该施工技术的特点在于上、下半管滑模均安装振动器,不但使管材外观光洁,而且也大大提高了管材的抗渗性能。经抽样测试,由 C18 混凝土制成的管径 200mm、壁厚 40mm、管材 7m 的试验段,用 0.3MPa 的内水压力时,不渗、不裂、爆破压力在 0.51MPa 以上。

(一) 材料及配比

管材采用素混凝土一级配骨料,用搅拌机拌和。内径150mm和200mm管径采用C13混凝土,内径250mm和300mm管径采用C18混凝土。水灰比控制在0.50～0.65;防渗水泥砂浆由人工拌和,水泥:中砂=1:3(体积比),水灰比为0.7。表10-5给出了现浇混凝土管道材料参考用量。

表10-5　现浇混凝土管道材料参考用量

管径(mm)	设计强度等级	水泥标号	水灰比	材料用量(kg/m³)					管材材料用量(kg/m)				
				水泥	砂子	水	石子		水泥	砂子	水	石子	
							粒径0.5	粒径1～2				粒径0.5	粒径1～2
200									9.46	22.34	4.37	14.91	18.88
250	C13	325	0.5	327	773	164	487	649	11.14	27.91	5.73	17.60	22.17
300									13.40	31.60	6.73	19.90	26.60

(二) 滑动模具及施工设备

滑动模具及施工设备包括上、下半管滑动模具。牵引机、开沟设备和附属设备等。牵引机采用无级变速装置,链条配合齿轮转动,由辊筒卷动 $\phi6.5$ 钢丝绳,经升降杆滑动分别牵引模具滑动和开挖土模。机身由滚轮拖动前进,分段作业。开沟设备包括简易开沟铲和土模开挖校正器。附属设备包括搅拌机、空气压缩机、移动式柴油发电机组、橡胶囊、圆堵头和送料等。

(三) 管道施工工艺

施工时由牵引机分别牵引上、下两半管滑动模具沿土槽连续施工。进料、振捣、成形、抹浆4道工序同时进行,一次浇筑。在混凝土初凝时间(20～25min)内,上、下两半管复合成圆,完成长24m管道的浇筑过程。

1. **基槽开挖**　基槽宽、深各 0.8m,竖直下挖,一侧弃土至槽上肩 0.3m 以外。另一侧作为临时施工道路,以备管道施工。

基槽底部平整度是决定管道施工质量的基础环节。因此,一定要保证基槽底部平直、密实、干净,以备开挖下半管外土模。

2. **下半管外土模开挖**　在高程符合设计标准的槽底,按管道外径放线,由专业开挖人员组织开挖外模,先用圆头锨沿管道中心线粗挖,下挖深度不得超出管外圆半径,然后再用土模开挖校正器修整成形。开挖后下半管外土模要求平直、圆滑、密实、干净,经验收合格后方可进行管道施工。

3. **下半管浇筑**

(1) **首端浇筑**　将整圆堵头放置在外模首端,人工向模内送料。送料长度为下半管模具成形段尾段至料口长度(1.8m),骨料厚度 5cm。做到骨料与土模底部、两侧附着均匀,上部与土模肩平即可,为连续浇筑做好准备。

(2) **下半管整体浇筑**　将下半管的成形段放置在已送完骨料的下半管虚方段上,再将牵引机钢丝绳末端的挂钩与模具导正段的牵引连接,启动振动器,振至管道两壁均匀出浆,然后指挥牵引机操作人员起动牵引机,牵引速度一般控制在 0.8~1.0m/min(视管壁均匀出浆确定牵引速度)。送料人员在基槽上方连续向料口送料。当下半管滑出 0.7m 时,再将抹浆段与成形段连接,送料、振捣、抹浆、滑行一次进行,连续浇筑下半管。浇筑一次施工 24m,施工速度控制在 0.8m/min 左右。

4. **胶囊充气与管接头处理**

(1) **胶囊充气**　下半管浇筑完后由空气压缩机给胶囊充气至额定工作压力(表10-6),切忌过压充气,胶囊进气量要用压力表检测。充气达到使用压力后,将胶囊顺直铺在下半管内壁上作为管道内模。

(2) **接头处理**　管道接头为半圆错位接头。结合部要防止杂物附着,在清洗干净后,采用 200 号水泥砂浆互接。

表 10-6   胶囊规格及使用条件参照表

直径(mm)	长度(m)	温度(℃)	使用压力(MPa)	备 注
120	12	20	0.10	
150	12	20	0.08	
200	12~24	20	0.07	浇筑三通及
250	12~24	20	0.05	给水栓用
300	12~24	20	0.045	
150	1.5~12	20	0.08	

5. 上半管浇筑

(1)首端浇筑   向下半管结合部均匀抹上 0.3cm 厚的 200 号水泥砂浆,人工用抹灰刀向胶囊周围送 5cm 厚度的混凝土骨料,送料长度为 1.5m,然后将上半管成形段合在骨料上,固定振捣至排气孔出浆为止,注意要人工压紧整圆堵头,不可移位。

(2)上半管整体浇筑   将成形段首端的牵引环与牵引机挂钩连接,装配施工。施工时,一人在基槽内模上操作振动器倒顺开关,控制电动机的启动或停止,同时指挥牵引机操作人员与之密切配合。振动器电机旋转方向要与滑动方向相同。基槽上方固定二人向混凝土进料口进料,一人向砂浆送料口送料,做到连续均匀进料,否则应及时调整。上半管滑模底部的挡料板要插入土模肩下4cm 深度,以保证两半管结合部封闭振捣,掌握滑模水平托板始终与土模肩平为宜,上半管施工速度一般控制在 1.5~2m/min。

6. 回填土及处理渗漏点

(1)回填土   管道上半管脱模 4h 后,回填湿土至管顶以上10~15cm 厚,待管网试水修补后,填土至原始地面。

(2)处理渗漏点   施工中操作不慎,管道局部振捣不实,杂草、土块混入或胶囊漏气等会造成管道出现漏眼。试验和运行中发现渗漏时,可在管道承受较低的内水压力下进行补漏,现介绍几种简易的补漏方法:① 用 711 型速凝剂补漏,在水泥砂浆内掺入711 型速凝剂,掺量为水泥的 3‰,5min 初凝,10min 终凝,停机补漏,不影响当日灌水;② 水泥砂浆补漏,用钢丝刷清洗砂漏点,停机后用 1:2～2.5 水泥砂浆填补,后填湿土,用脚踩平,待 24h 后放水运行;③ 若管道上方有少量积水,难以排出,可利用 150 号水泥砂浆直接倒入 1:3 的氯化钙水中,再采用脚踩平填土,24h 后即可放水;④ 如水泵正常抽水时发现渗漏点,可先选用红铝土堵塞漏点,然后用 150 号水泥砂浆贴补并填土,24h 后继续放水运行;⑤ 也可用塑料油膏及防渗胶泥止漏。

7. 施工工艺要点 管道施工中,要由搅拌机拌和混凝土骨料,不可人工拌和。

下半管浇筑,要达到管上沿饱满出浆,且抹浆段均匀,对管内和管上沿涂抹 200 号水泥砂浆。两半管结合部如涂抹不匀,须进行人工涂抹后,方可浇筑下半管,否则易造成两半管结合部出现漏眼。

基槽开挖中,若遇岩石、沙层、软土。则需向管底以下开挖20cm 深度,并在槽内重新回填好密实的土料,方可开挖下半管土外模。

上半管浇筑,应掌握抹浆段前管壁饱满出浆为宜。如出现蜂窝状,可适当降低牵引速度加大水灰比,待管壁均匀、饱满出浆后正常施工。

抹浆段用砂要严格用 0.5 筛孔的筛子精筛后拌和水泥砂浆。

管道施工要组织专业队伍进行,各种机具要由专人管理,及时进行维修养护,以保证管道施工的顺利进行。

(四) 管材的规格及技术经济指标

1. 规格及性能指标 符合井灌区低压管道输水灌溉工程需要的电动滑模二次成形现浇管的规格及性能指标见表 10-7。

表 10-7　　电动滑模二次成形现浇管的规格及性能指标

公称直径（mm）	壁 厚（mm）	混凝土强度等级	抗渗压力（MPa）	爆破压力（MPa）	工作压力（MPa）	糙率 n
150	35	C13	0.30	0.65	0.20	0.014
200	35	C13	0.30	0.56	0.20	0.014
250	40	C18	0.30	0.41	0.20	0.014
300	40	C18	0.30	0.27	0.15	0.014

2. 经济指标　利用电动滑模现场浇筑混凝土管道,显著地提高了管灌工程的施工速度和成管质量,降低了工程造价,减轻了劳动强度,经济效益显著。在砂、石材料丰富的地区,有着广阔的发展前景。

测试结果表明:二次成形现浇管较土渠输水可节水 42%,节地 2.5%～2.8%,年节电 32.55kW·h。内径 200mm 的管道,15人一台班,制管速度 50m/h,日进度 400m 以上,较原有机具人工制管生产效率提高 4 倍。

二、WD-Ⅲ 型制管机一次成形现浇混凝土管

(一)WD-Ⅲ 一次成形制管机构造

WD-Ⅲ 一次成形制管机主要由牵引环、前进料斗、下部振动钢模、振动器和振动架、后进料斗、上部振动钢模、托板、加强肋、连接板、机罩、配电板等部件组成。

(二)管道施工工艺

1. 制备混凝土　平原井灌区低压输水管道一般工作压力为 0.10MPa 左右,可用 400 号水泥放入 300L 搅拌机中,制成 C13 混凝土,材料重量配比为水泥:砂子:石子=1:3.9:4.9,水灰比控制在 0.5 左右。因管壁厚度有限,石子粒径应为 3～8mm,并冲洗干净;砂子为过筛中粗砂。材料中可掺入粉煤灰以提高其和易和

性不透水性,但用量不得超过水泥用量的 15%。

2. **施工组织**　每台班 20 人,分地模沟开挖、混凝土拌和、材料运输、制管 4 个组。

3. **施工程序和方法**

① 施工沟开挖。沟宽 1m、深 0.8～1.0m(埋深应大于当地冻土层),一侧弃土于沟边 0.5m 外。在沟底中心开半圆形地模沟,尺寸等于管道外径。地模沟用地模沟样板模和开沟铲修整清理干净。对于砂壤土还应在地模沟上铺放一层废旧塑料薄膜,以防渗漏。

② 在地模沟内铺入橡胶胶囊,充气使压力达 0.25～0.30MPa。在尼龙橡胶囊外加套一层油脂纯胶囊,利用其收缩性强,不但有利于放气后抽出胶囊,而且可减少磨损,延长胶囊使用寿命。

③ 将充气胶囊穿入管道制铺机,启动卷扬机并及时向上、下进料喂料,机器拖过即铺制出全圆管道。

④ 在管道两侧封潮湿土与管顶平,第二天再加封 10～20cm,然后放气抽出胶囊,继续浇筑下一段管道。

⑤ 管道浇筑完成后即可砌筑小水塔、分水阀、三通、分水短管、出水口等附属建筑物。冬季施工管道需养护 28d,其他季节可适当缩短。特别干燥时,应在封土上适当加水。凝固期满后试水检查,漏水处涂以标志,停水后刷净凿毛,用 1:2 砂浆修补,3～5d 后再试水检查,至不漏水方可回填土封沟。

一次成形现浇混凝土管的规格及性能指标见表 10-8。

表 10-8　　一次成形浇管的规格及性能指标

公称直径 （mm）	壁　厚 （mm）	混凝土 强度等级	抗渗压力 （MPa）	爆破压力 （MPa）	工作压力 （MPa）	糙　率 n
110	25			0.65		
150	30			0.65		
200	40	C13 ~ C18	0.30	0.65	0.20	0.015
250	45			0.60		
300	45			0.60		

（三）施工关键技术

①为保证下半管进料，前进料斗有足够的长度，料斗侧面板与下部管钢模处加大空隙，使混凝土料易于流下。

②上半管进料，应将上半部钢管模的前部做成渐变管，前边张开，后边收缩，这样混凝土料就能顺利进入上半管钢模内。

③进料斗的形状应做成上大下小，保证进料畅通。

④要严格保证钢模的刚度。如下部管钢模变形，上翘则管壁厚，浪费材料；下栽会使管壁变薄，达不到设计要求，所以应在钢模两侧设计加强肋。

⑤试验结果表明：在机器前、后各装一台振动器，可保证达到设计振动要求。

⑥振动架采用70mm×7mm的角钢焊制，与振动器接触的面一定要平整，用螺栓牢固地把振动器固定在振动架上。否则，在600kg振动力的作用下，很快就会把螺栓振断。

三、现浇流态混凝土地下管材

现浇流态混凝土地下管材，是以可拔出重复使用的充水塑料软管为内模，以流态混凝土在地槽中直接灌注自流形成地下输水管道的技术。其特点是，出水口间无接头，管道整体性好，管壁密实、均匀,含适量微气泡,抗渗性、抗冻性、耐久性好,管道内表面光洁、糙率小,水流条件好,管道造价低,施工简单方便。

(一) 施工技术

1. **土槽开挖** 土槽挖成复式断面,母槽在上,深度略大于当地冬季冻土层深,宽度为地下混凝土管外径加 0.8m,管两侧各 0.4m。子槽在下,居中,沟宽等于管外径或略大,以利于修槽器修成上直下圆的马蹄形。子槽应顺直,表面修压平整,最好用圆柱形木夯压实,以防止浇筑时掉土,影响管道质量。

2. **预留伸缩变形缝** 为适应温度变化引起的伸缩及不同土质引起的不均匀沉降,现浇地下管宜每 20～30m 长设一伸缩变形缝,缝宽 1.5～2cm,可用两个套在一起的硬泡沫塑料环隔成,两环间夹闭合的环形橡胶或塑料止水圈,厚 2～3mm,宽 100mm,伸缩变形缝处 20cm 长度内的管壁应适当加厚,以提高该处的抗压能力。

3. **内模充水** 现浇流态混凝土地下管道所用的充水内模为聚乙烯薄壁软管,可根据现浇混凝土管内径选择相应的软管。目前市售的聚乙烯薄壁软管的折径一般为 140～400mm,壁厚 0.35～0.45mm,特殊尺寸的软管可到厂家定制。

使用软管前,应对其进行液压试验。一般可取其爆破压力的一半用作浇筑时充分内模的工作压力。以保证内模获得足够的刚硬度,在施工过程中不致变形而导致新浇混凝土变形或裂缝。

充水塑料软管采用钢质堵头(也可采用加肋白铁皮堵头,以减轻重量便于安装操作,并降低造价),堵头长 10mm,壁厚 5mm 即可;外径应较软管内径小 2～3mm,以利于软管套入;外壁加工 3 道管宽 8～10mm、深 2mm 左右的弧形槽。每套堵头有 2 个,其中一个的板上焊有进水管接头、稳压器接头和排气阀,另一个的端板上仅焊有排气阀。

充水时,应就近设一个工作压力水头装置,其作用是对塑料软管形成稳定的工作压力,使之充水至设计压力。方法是安装一个钢筋或木支架,上面放置水桶,使其上口水位至充水内模中心的高差等于设计软管工作水高度。为防止堵头被水压挤出,塑料软管与堵头连接时,可在堵头表面的弧形槽中缠绕几层电工橡胶布,再套软管并用细铅丝顺弧形槽绑扎紧。如止水不彻底,可在稳压储水器上方放置一带龙头的补水器,按堵头漏水量的大小向稳压储水器中不断补水,以保证水压稳定。

4. **现浇与脱模**　将合理配比的流态混凝土浇筑完成后,内模的脱除是现浇流态混凝土地下管道施工的关键工序之一。为保证顺利脱模,软管表面应涂洗衣粉等脱模剂,并用小型单相自吸泵或手摇高压喷雾器接在堵头进水管嘴上抽排水,以使软管内形成负压,促使软管全长径向均匀脱模。低压管道灌溉出水口的间距一般为 30 ～ 60m,为保证管道的整体性,该段管应一次成形,这样充水软管的长度就会达到 30 ～ 60m。

(二) 流态混凝土合理配比的确定

1. **骨料**　为了尽可能降低现浇管混凝土造价,砂石料应根据当地材料的具体情况选用。平原地区可掺粉细砂,山丘地区及山前平原区可选用中、粗砂、砾石、轧制石屑或粒径较小的碎石。

2. **水泥**　一般可采用425号普通硅酸盐水泥。但采用外加剂拌制流态混凝土时,矿渣水泥更有利于混凝土后期强度的提高。

3. **外加剂**　用于浇筑地下低压管道的流态混凝土要求具有以下特征:① 具有塌落度不低于 22 ～ 24cm 的高流动性;② 抗渗标号不低于 S2;③ 有良好的保水性和黏滞性,不渗水,不离析;④ 具有早强性,以保证常温下充水软管内模能在 16 ～ 24h 前安全脱模,以利于及时周转。为此,必须掺用合适的流化剂、早强剂和引气剂,并优化其混合比。

选用的流化剂应对混凝土有较强的减少、塑化、引气和缓凝等功能,对新拌混凝土和硬化混凝土能综合改性。

选用的早强剂应有较强的早强和防冻功能，能显著提高混凝土在常温、低温和负温下的强度，对新拌混凝土还应有显著的减水、塑化、促凝和增强作用。

(三) 管壁厚度的确定

流态混凝土低压管道系统是在野外直接于土壤灌注成形，其壁厚不宜过小，可按仅受内水压力的壁厚圆筒确定计算。

$$\delta = pd/(2[\delta]) \tag{10-4}$$

式中：p 为现浇混凝土管道的工作压力（MPa），一般采用 0.20MPa；

d 为现浇混凝土管内径（mm）；

[δ] 为混凝土抗拉设计强度（MPa）。

混凝土强度等级可采用 C8 或 C13，国家规范中 [δ] 值分别为 0.65MPa 和 0.90MPa。前苏联学者克列恩在其著作《地下管计算》中建议：混凝土管除工厂和搅拌站预制外，其他情况 [δ] 值应取较低值。流态混凝土地下管道系统是由群众现场施工，故 [δ] 值采用较低值。不同管径的流态混凝土地下管的计算壁厚及推荐采用的壁厚如表 10-9 所示。

表 10-9　流态混凝土管的计算及推荐壁厚

管径 d (mm)	工作压力 P (MPa)	C13/C8[δ] 值(MPa) 规范值	克 氏 建议值	计算壁厚 δ(mm) 规范值	克 氏 建议值	推荐采用壁厚 δ₀ (mm) C13	C13
100				11.1/15.4	19.2/25.0	20	25
125				13.9/9.2	24.0/31.3	25	30
150				16.7/23.1	28.8/37.5	30	40
175	0.20	0.90/0.65	0.52/0.40	19.4/26.9	33.7/43.8	35	45
200				22.2/30.8	38.5/50.0	40	50
250				27.8/38.5	48.1/62.5	50	65
300				33.3/46.2	57.7/75.0	60	75

第五节 试水回填与竣工验收

管道系统铺设安装完毕后,必须进行水压试验(俗称试水),符合设计要求后方可回填。

一、试　　水

(一) 试水的目的与内容

1. **试水的目的**　试水的目的是试验检查管道的强度、接口或接头的质量等是否符合设计要求,并及时处理出现的问题,防患于未然。

2. **试水的检验内容**　主要包括强度试验和渗漏量试验。

(1) **强度试验**　主要是检查管道的强度和施工质量。试验压力一般为管道系统的设计压力,保压时间与管道的类型有关,对于塑料管道和水泥预制管,其保压时间一般要求不小于 1h,对于现场浇筑的混凝土管,其保压时间一般要求不小于 8h。

(2) **渗漏量试验**　主要是检查管道的漏水情况。渗漏损失量应符合管道水利用系数要求,一般不能超过总输水量的 5%。

(二) 试压前的准备工作

① 备齐各种试压用具。

② 堵塞试压管段中所有已安装的三通与管段端口,并做好后背支撑。支撑面积大小,应根据管径、试验压力、土质情况计算确定。支撑面应与管中心线垂直。采用多点支撑时,必须均匀布置。支撑物一般有千斤顶或活动支撑,支撑力要保证能够均匀地传到承压物的全部面积上。为保证支撑稳定,特殊配件两侧必须用土填实。千斤顶两侧也应加固,以防失去稳定。

③ 安装排气管(孔),便于管道充水时排除管内空气。排气管应装在管道的最高点。排气管直径以 20mm 左右为宜。

④ 进行管道冲洗。试压前应自上而下逐级冲洗管道,并按管道设计流量冲洗,直到出水口流出清洁的水为止。冲洗过程中及冲水结束后,应检查管道情况,做好冲洗记录。

(三) 试水验收标准

渗漏量测定,试验前管内需充水 24h。试验时先将水压升至设计压力,保压时间不少于 10min(为保持压力恒定,此间允许向管内充水),检查管材、管件、接口和阀门等,如未发生破坏或明显的渗漏水现象,则可同时进行渗漏量试验。渗漏量试验,是观察试验压力下单位时间内试验管段的渗水量,当渗水量为一稳定值时,此值即为试验管段的渗漏量。试验过程中,如未发生管道破坏,且渗漏量符合要求,即认为试水合格,可回填。

试水时,应沿线检查渗漏情况并做好记录并标志,以便于维修。试水不合格的管段应及时修复,在修复处达到试水要求后,可重新试水,直至合格。

二、回 填

管槽回填应严格按设计要求和程序进行。回填的方法一般有水浸密实法、分层压实法等,但不论采用哪种立法,管道周围的回填土密实度都不能小于最大密实度的 90%。

1. **水浸密实法** 回填土至管沟深度一半时,将管沟填土每隔一定距离(一般为 10 ~ 20m)打一横埂分隔成若干段,然后分段进行充水。第一次充水 1 ~ 2 天后,可进行第二次回填、充水,使回填土密实后与地表相平。

2. **分层压实法** 该法是分层回填、分层夯实,使回填土密实度达到设计要求。管槽回填应在管道充水的情况下进行。一般分两步回填,第一步回填管身(Ⅰ区)和管顶以上 300mm(Ⅱ区),第二步回填 Ⅲ区。Ⅰ区(包括操作坑或接头坑)和 Ⅱ区应用松散并比较纯净的土,不能抛填。回填土不得含有砖、石、瓦片以及冻土和大的硬土块等。其余部分允许用有少量不大于 150mm 的砖、石、硬土块进行回填。第一步回填的土应均匀摊开,每层土厚不超过 300mm,并需仔细夯实,密实度分别要求达到 95%(Ⅰ 区)与 85%(Ⅱ 区)。管身和接头部分的回填要求两侧同时进行。第二步回填时,每次回填厚度亦不能超过 300mm,夯实后密实度根据管路情况确定。特殊要求的地方还需用砂土回填。考虑回填后的沉陷,回填土应略高于地面。

三、竣工验收

竣工验收的目的是全面检查和评价工程质量,考核工程施工是否符合设计要求,能否正常运行并交付用户应用。

(一) 竣工文件的准备

工程验收前应提交以下文件资料:

① 全套设计报告,包括全套设计图纸、文字说明及方案变更记录等;

② 竣工图和报告及工程决算;

③ 试压资料和试运行情况报告;

④ 有关操作、管理规定和意见。

控制面积 $2hm^2$ 以下的小型工程,可只提交设计报告、竣工图纸及管理要求等。

(二) 竣工验收

验收工程应由主管部门有关技术领导部门、设计单位、施工单位、使用单位或用户代表等参加的验收小组来进行。验收小组应对水源一直到田间出水口逐一进行检查,并填写"工程竣工验收报告单"(表 10-10),合格后方可验收,然后正式将工程交付使用单位投入运行。

四、编写竣工验收报告

按照上述程序和内容进行全面检查和验收后,验收小组应对验收情况进行整理分析和总结,写出验收报告。验收报告的内容一般包括:

① 验收概况;

② 工程质量评价;

③ 对工程运行意见及建议;

④ 验收结论及参加竣工验收代表名单(签名)等。

所有的验收材料,包括设计书、竣工验收报告等应由设计、施工、使用单位各保存一套,同时送上级主管部门一套存档,以备查阅。

表 10-10　工程竣工验收报告单

工程名称		工程地点	工程单位	开工日期	竣工日期
验收内容及评价	水源工程				
	机房				
	管道				
	附属设备				
	建筑物				
	管理组织				
	管理规章制度				
设计单位意见			验收负责人:　　年　　月　　日		
施工单位意见			验收负责人:　　年　　月　　日		
使用单位意见			验收负责人:　　年　　月　　日		
主管部门意见			验收负责人:　　年　　月　　日		

第十一章　运行管理

管道输水灌溉工程同其他水利工程一样,必须正确处理好建、管、用三者关系,建是基础、管是关键、用是目的。明晰产权,界定受益对象和范围,在保证管道系统质量的前提下,只有管好用好才能充分发挥农业增产效益。因此,管道灌溉工程的运行管理显得尤为重要。要加强管理,必须建立、健全管理组织和管理制度,实行管理责任制,搞好工程运行、维修与灌溉用水管理。

第一节　工程运行与维修管理

工程运行与维修的基本任务是保证水源工程、机泵、输水管道及建筑物完好、正常运行、延长工程设备的使用寿命,发挥最大的灌溉效益。

① 应建立管理组织,落实管护人员,制订管理制度和运行操作细则;操作人员应经培训合格后持证上岗。

② 运行中应做好巡护工作,灌溉结束后应定期检查。

③ 水表维护管理应符合 DB11/T　289 的要求。

④ 低压电器维护与检修应符合 DL　499 的规定。

⑤ 应按表 11-1 要求做好运行维护记录。

表 11-1　工程运行维护记录表

工程名称			所在地址		
作物种类		种植面积 （hm²）		生育期	
灌水日期		轮灌组序号		作业时间(h)	
压力表读 数（MPa）	1		流量 （m³/h）	1	
	2			2	
	3			3	
	4			4	
	5			5	
	6			6	
计划灌水定额 （m³/hm²）			单位面积实际灌水量 （m³/hm²）		
事故类型			事故描述		
处理结果					
其他情况					
值班人员签名			复核人签名		

一、水源工程的使用与维修

对水源工程除经常性的养护外，每当灌溉季节前后，都应及时清淤除障或整修。

对以水源为机井（指筒井、管井和筒管井）的管理，机井维护与检修应符合 SL 256 的规定，要做到以下几点。

① 机井井口配套保护设施、修建井房、井台、井盖、以防止地面积水、杂物对井水的污染。

② 掌握机井的技术指标，如井深、井管倾斜度、井径、砂层垂直分布、水位、出水量和水中含沙量等，以便科学地使用机井，合理开采地下水。

③ 在机井使用过程中,要注意观察水量和水质的变化。若发生异常现象,如出水量减少,水中含沙量增大,应立即查清原因,采取相应的洗井、维修、改造及其他措施。

二、机泵运行与维修

水泵维护与检修应符合 SL 255 的规定。

(一) 机泵运行

1. 开机前的检查和准备

(1) 检查内容　　在开机前要进行一次细致的检查,主要检查以下项目。

① 水泵和电动机是否固定良好。

② 联轴器两轴是否同心,间隙是否合适;用皮带传动的要检查两个皮带轮是否对正。

③ 各部位的螺丝是否有松动现象。

④ 用手转动联轴器或皮带轮,看转动是否灵活,如果内部有摩擦响声,应打开轴盖检查处理。

⑤ 用机油润滑的水泵,检查油位是否合适,油质是否符合要求。

⑥ 带底阀水泵的浸没水深度。

⑦ 检查机泵周围是否有妨碍运转的物件。

⑧ 电动机和电路是否正常。

(2) 准备内容　在开机前准备的内容包括以下几项。

① 离心水泵在开机前要灌满清水。

② 出水管路上有闸阀的离心泵,开机前要关闭闸阀,以降低起动电流。

③ 深井泵开机前要往泵里灌一次水,以润滑橡胶轴承。

④ 用皮带机传动的水泵,要把皮带挂好,检查皮带松紧情况,并调整合适。

2. 开机后注意事项　开机运行后机泵是否正常运行,应注意以下几点。

① 各种量测仪表是否正常工作,特别是电流表,看指针是否超过了电动机额定电流。

② 机泵运转声音是否正常,如果振动很强或有其他不正常的声音,应停机检修。

③ 水泵出水量是否正常,如果出水量减小,应停泵查找原因。

④ 用皮带传动的水泵,若发现皮带里面发亮,水泵转速下降,应立即擦上皮带油;当皮带过松时应停机调整。

⑤ 填料处的滴水情况是否正常(每分钟 10 ～ 30 滴水为宜),如不滴水或滴水过多,应调整螺丝的松紧。

⑥ 水泵与水管各部分是否有漏水和进气现象,吸水管应保证不漏气。

⑦ 轴承部位的温度(以 20℃ ～ 40℃ 为宜,最高温度不超过75℃)如果发现异常现象,应立即停机检修。

⑧ 电动机升温情况,避免超过电动机的允许温度。

⑨ 如机泵发生故障,要弄清故障发生的地方和部门,找出原因,及时修理。

3. 停机时和停机后注意事项　发生停机应注意以下几点。

① 停机时,应先关闭启动器,后拉电闸。

② 设有闸阀的离心泵,停机前应该先关闭闸阀再停机,以减少振动。

③ 长期停机或冬季使用水泵后,应该打开泵体下面的放水塞,将水放空,防止锈坏或冻坏水泵。

④ 停机后,应把机泵表面的水迹擦净以防锈蚀。

⑤ 停灌期间,应把地面可拆卸的设备收回,经保养后妥善保管。

⑥ 在冻害地区,冬季应及时放空管道。

(二) 机泵维修

要延长机泵的使用寿命,除了正常操作,还要定期维修。

① 经常保持井房内和机泵表面干净。

② 经常拧进拧出的螺丝,要用合适的固定扳手操作;不常用的螺丝露在外面的丝扣,每 10 天用油布擦一擦,以防锈固。

③ 用机油润滑的机泵,每使用一个月加一次油;用黄油润滑的,每使用半年加一次油。

④ 机泵运行一年,在农闲季节要进行一次彻底检修,清洗、除锈去垢、修复或更换损坏的零部件。

(三) 柴油机运转中注意事项

柴油机同水泵一样,启动前必须做好准备工作,当启动并进入正常运转后,为防止机器出现故障,机手应注意以下事项。

① 随时注意仪表的读数是否在规定范围内,如果机油压力突然降低,或油压低于 $9.8N/cm^2$ 时,应立即卸去负荷,使柴油机中速运转,以便继续观察。必要时应停车检查,待故障排除后方可继续工作。

② 经常观察柴油机排气的颜色、声音、气味是否正常。

③ 油门操作要平稳,不可忽大忽小。

④ 检查燃油消耗情况,不要等用完后停车再加,以免油路进入空气。

⑤ 不允许柴油机长时间超负荷运转,保持柴油机转速稳定。

三、管道运行与维修

(一) 固定管道运行与维修

1. **防止水击的运行措施** 水具有惯性和压缩性,在管道放水和停机时,都会产生涌浪和水击。如果管道压力急剧上长或下降,易发生爆管。因此,防止产生水锤,防护管道安全运行是管道管理中的一项重要内容。

① 开机时,严禁先开机后开出水口,首先应该打开排气阀和计划放水的出水口,必要时再打开管道上其他出水口排气,然后开机代水充水。当管道充满水后,缓慢地关闭作为排气用的其他出水口。

② 管道为单孔出流运行时,当第一个出水口完成输水灌溉任务,需要改用第二个出水口时,应先缓慢打开第二个出水口,再缓慢关闭第一个出水口。

③ 管道运行时,严禁突然关闭出水口,以防爆管和毁泵。

④ 管道停止运行时,应先停机后关出水口,同进借助进气阀、安全阀或逆止阀,防止产生水锤。

2. **灌水方式**　按灌水计划的轮灌次序分组进行输水灌溉,不可随意打开各支管控制闸门,最好由近而远或由远而近逐块灌水。在第一轮灌组结束之前,应将第二轮灌组控制阀门和出水口打开,然后再关闭第一组控制阀和出水口。

3. **管道维修**　灌溉季节开始前,应对管道及附件进行检查、试水,并应符合下列要求。① 管道通畅,无漏水现象;② 给水栓、控制阀门启闭灵活,安全保护装置功能可靠;③ 地埋管道的阀门井中无积水,管道的裸露部分完整无损;④ 量测仪表盘面清晰,显示正常。

运行中管道为单孔出流时,改换灌水位置应先打开待运行的给水栓,后关闭尚在运行的给水栓。

灌溉时,控制阀门或安全保护装置失灵,应及时停水检修;量测仪表显示失准,应及时校正或更换。

灌溉季节结束后,应对管道进行下列维护和保养:① 冲净泥沙,排放余水;采取措施,防止冻害;② 妥善维护安全保护装置和量测仪表;③ 阀门、启闭机构涂油,盖好阀门井;④ 地埋管道与地面移动装置的接口处加盖或妥善包扎并采取防冻措施。地面金属管道及附件定期进行防锈处理。

管道接口处漏水时宜采用下列方法处理：① 采用橡胶密封圈承插连接的聚氯乙烯管、双壁波纹管可调整或更换止水橡胶圈；采用溶剂粘接的聚氯乙烯管宜用专用粘接剂堵漏；② 热扩口连接的聚氯乙烯管宜用专用粘接剂堵漏或更换管段；③ 聚乙烯和聚丙烯管应采用热焊接方法修补；④ 水泥制品管可用纱布包裹水泥砂浆、混凝土加固，或用柔性连接修补。管网运行时，若发现地面渗水，应在停机后待土壤变干时将渗水处挖开露出管道破损位置，按相应管材的维修方法进行维修。

4. **管件与附属设备的维修**

（1）给水装置　多为金属结构，要防止锈蚀，每年要涂防锈漆2次。对螺杆和丝扣，要经常涂防锈漆。对螺杆和丝扣，要经常涂黄油，防止锈固，便于开关。

（2）分水池　起着防冲、分水和保护出水口的作用。发现损坏应及时修复；在出水池外壁涂上红、白涂料，引人注目，防止损坏。

（3）保护装置　如安全阀、进排水气阀、逆止阀等，要经常检查维修，保证其安全、有效的运行。

（二）移动塑料软管运用与维修

1. **运用方式**　① 与固定管道给水栓连接，作为末级管道向畦田输水灌溉。② 与水泵出水口直接，作为一级管道向畦田输水灌溉。

2. **运用时注意事项**　移动塑料软管的管壁薄、强度低、易损坏、运用时应注意以下几点。

① 使用前，要认真检查管的质量，并将铺管路线平整好，以防尖锐物体扎破软管。

② 使用时，管子要铺放平整、严禁拖拉、以防破裂。

③ 软管跨沟应架托保护，跨路应挖沟和垫土保护，转弯要缓

慢,切忌拐直弯,以免充水时管道打折。

④ 用后清洗干净,卷好存放。

3. 软管维修 ① 若管壁有"小口"漏水,可用塑料薄膜贴补。② 若管壁有"小眼"漏水,可用专用粘合剂修补。

4. 软管保存 ① 软管在光、氧、热的作用下易老化,应加强保管。② 软管要平放,防止重压或磨坏软管折边;非灌溉季节在室内尽可能要悬挂,以防老鼠咬坏。③ 不要将软管与化肥、农药等有气味物质存放在一起,以防软管粘连。

第二节 管理组织与制度

一、建立健全管理组织

多年实践证明,欲使管道输水灌溉工程延长使用寿命、降低灌溉成本,正常发挥效益,必须建立健全专业机制、确定管理体制,调动管理人员的积极性和责任感。根据灌区的规模及类型,建立相应的灌溉管理组织、配备专管人员。

二、实行管理责任制

管理责任制有多种形式,如专业队承包、专业户承包制等。

(一)建立管道灌溉专业队

为管好用好管道灌溉系统,除建立专管机构外,还应依靠群众性的灌溉专业队(组),实行专业承包,方能获得实效。

1. 灌溉专业队的组成 一般以村为单位,由村干部、若干机井管理员与部分灌水员组成,由村干部和老机手任正、副队长。

2. 灌溉专业队的任务

(1)四统管 对全村的水源(如机井、塘坝)和机泵、管道,统一调度使用;以机井(泵站)为单位实行计划用水,由专业队统一购油、贮油(供电、用电),按机型和控制面积分配油(电)指标;机泵的大修由专业队统一负责,小修由专业户负责;机具配套和挖掘水源,由专业队统一实施。

(2)三监督　监督灌溉承包合同执行情况;监督浇地质量,不断改进灌水技术;监督用水农户按规定缴纳水费。

(二) 实行专业承包制

对于小范围的灌溉面积,可实行专业户承包。村委会将水源、机具承包到户,实行单机核算,由专业户与用水户签订合同,村委会将机具维修好后,作价保估值,承包给机井管理员使用,并按实际情况划定灌溉面积。机泵、管道、机房及工具等一切设施均由专业户负责看管和养护;按用水计划给用户浇地,做到浇透灌匀;按规定合理征收水费;村委会要对专业户制订管理措施。

三、管理考核内容

对于灌溉专业队或承包专业户,要由上一级管理部门制定管理考核标准。管道灌溉系统管理标准可按以下规定进行考核评比。

① 机泵管道配套完好率(90% ~ 95%)

② 灌水定额,单位时间,灌水总量,灌溉面积。

③ 浇地成本。

④ 水费征收情况与维修费用。

⑤ 机手做到"三懂"(懂机械性能、懂操作规程、懂机械管理)和"三会"(会操作、会保养、会排除故障)。

⑥ 对机手应实行"一专"(固定专人)、"五定"(定任务,定设备,定质量,定维修,消耗费用,定报酬)的奖惩责任制。

第三节　　灌溉用水管理

用水管理是整个管道灌溉管理中的一项重要而复杂的工作，必须认真做好。

一、灌水计划的安排与实施

(一) 科学安排灌水计划

根据拟定的作物灌溉制度、科学安排灌水计划、合理分配不同灌组的水量、灌水时间、灌水次序、做好全面计划安排等。每次灌水前，还要根据当时作物生长及土壤墒情的实际情况对计划加以修改。

(二) 提高灌水质量

要求灌水量不能超过灌水定额，并将定额的水量均匀地施入田间，切忌大水漫灌，防止深层渗漏和沿程损失，提高水的利用系数，降低能源消耗。

提高灌水技术，灌水畦田化。灌水定额确定后必须有与之相适应的畦田规模、畦长、畦宽、入畦单宽流量和改口成数。据试验，在地形坡度为 $1‰ \sim 10‰$、土壤入渗系数 $30 \sim 200\,mm/h$，一般畦长选取 $50m$ 左右；对于入渗系数较小、坡度较大的地块，畦长应取长些，反之应取短些。单宽流量可取 $4 \sim 6L/(s \cdot m)$，改口成数取 $8 \sim 9$ 成，畦宽视水源条件和横向比降而定，一般取 $1.5 \sim 3.0m$。

二、征收水费

制定水费标准，合理征收水费，是搞好田间用水管理，实行节约用水的重要措施。

水费包括：管理人员工资、动力能源（油、电）消耗费、机具设备维修费及工程设备折旧费。核算灌水成本，制定水费标准，按标准征收水费。水费标准要根据上级有关文件条款制定。

安装水表和电表（或油表），以水或以电（或油）计价，实行计量收费，使浇地成本与用户利益直接挂钩，促进节约用水，改进田间灌水技术，提高灌溉效益，从而达到节水、节能、增产的目的。

对于点播用水量入供水管网的饮水工程，实行抄表收费，按核定的饮用水价格收取。

对于点播水量未入供水管网的饮水工程。其点播用水可按亩次收费。

对于结合饮水工程进行管道输水灌溉的要有用水计量设施，按实际用水量和核定的水费标准收费。

对于纯灌溉工程一般应有量水设施，按实际用水量和核定的水费标准收费。对于暂不具备按量收费条件的也应对用水量做出估计记录，根据供水时间性或灌溉面积折算水量收费。

水费管理：征收的水费要有专财记录，开支只能用于本项目工程，其支出符合有关规定。结余部分存入银行，作为管道灌溉工程的维修基金，任何人不得挪用。

水费征收与管理对于单村及联村工程提倡乡镇统管，跨乡镇灌溉工程由上一级水行政部门统管。

三、建立灌溉用水档案

为了提高灌溉用水管理水平，应建立灌溉用水和运行记录档案，及时填写灌溉计划、机泵运行和田间灌水记录表。每次灌水结束后，都应根据记录进行有关技术指标的统计、计算和分析。记录的内容应包括：灌水计划、灌水时间（开、停机时间）、种植作物、灌溉面积、灌溉水量、机泵型号、泵流量、畦田规格、改畦成数、水费征收、作物产量及承包管理人员等，由此可分析灌溉用水管理水平。

第十二章　经济效益分析

　　水利经济计算是研究水利工程建设是否可行的前提,是从经济上对工程方案进行分析的依据。所有水利规划或水利工程的可行性研究和设计,都必须进行相应深度的经济分析计算工作,规划设计文件都必须包括有关计算和评价内容。因此,管道输水灌溉工程应按《水利经济计算规范》的计算方法和基本准则进行经济效益分析,目的在于从经济上衡量管道输水灌溉工程是否可行,最终以最小的代价(自然资源、原材料、设备、动力、劳力和时间)取得最大的工程效益。在进行经济效益分析计算的过程中应对所付费用(包括投资和运行费)及其所得效益用货币指标表示。

第一节　　投资费用

　　投资费用是经济效益分析中的主要数据之一,是指工程达到设计效益所需要的全部建设费用,包括国家、集体和群众等各种形式的投入。如主体工程、配套工程、占地、赔偿,以及设计、科研等方面所投入的一切费用。

　　计算工程投资时,要将各部分工程分别列出,同时要根据投资和投入时间的不同,列出各年投入数量。一般小型农田水利工程,投资多是一次性的,当年投资,当年见效。管道输水灌溉多数为一次性投资,少数为连续几年投资建成。管道灌溉工程虽属基本建设工程,但大都属于国家补助、群众受益的工程,工程的全部投资应计入当地平均劳动价值和国家补助费用的差额部分。

　　管道输水灌溉工程的投资费用见表12-1。目前,一般不包括水源工程建设费,只计管材费、管件费、施工费及其他材料费用等。此外,还应包括勘测费、规划设计费、施工临时占压土地的损失费用以及其他小型购置和零星支出。计算时,材料与工日费用应以当地合理价格进行计算。

管材费除管材本身购置费外,还应包括运输费和装卸费。

管件费包括出水口、给水栓、弯头、三通、四通、排水口、进排气阀、安全阀、闸阀、井泵的上水管与管道连接装置等。

施工费包括短途运输、装卸、挖沟开槽、接管用工、加固给水栓、出水口、回填及配水建筑物的用工及材料费和竣工试水验收等费用。

在老灌区(井灌区、渠灌区)原有的井、库、塘、机泵的投资均不计入,投资费用只计算新增加的管道工程费用。但若管道建设必须对原有机泵进行测试改造,其费用应该计入。

为与老灌区的经济效益分析统一,在新灌区(井灌区、渠灌区)的水源建配套工程打井、库、塘、坝建设、配套建筑物、机房的投资,均可不计入投资费用之中。

表 12-1   投资费用汇总表   (单位:元)

管 材 费			管件费	施工费						勘测设计费	其他材料及小型购置费	合计
管材购置费	运输费	装卸费		短途运输费	挖沟及回填用工费	接管用工费	临时占地赔偿费	附属设备建筑物施工费	检查试水用工费			

第二节   年运行费用

年运行费用是指水利工程设施在正常运行期间,每年所需要的费用,包括工程管理费、燃料动力费、维修费、人员工资及水资源费用等。在进行财务分析时,年运行费用还应包括税金、保险费等,如使用地面移动管道还应计入其更新费用。年运行费计算见表 12-2。

表 12-2 年运行费用汇总表 (单位:元)

燃料动力费	维修费	管理费			浇地用工费	软管更新费	合计
		行政费	管理机构人员工资	观测试验费、咨询费	技术培训费			

(一) 燃料动力费

系指用于管道输水所耗用的油、电等费用,与年实际运行情况有关。一般根据灌区内平水年或多水年平均提水量、净扬程、机泵综合效率和能源单耗计算出年均耗能量,再根据能源单价计算出年耗能费。油、电价格可在现行价格的基础上,考虑当地的议价和国家的补贴情况进行合理调整。

(二) 工程维修费

是指维修、养护工程设施所需的费用,包括日常维修养护、年修和大修费用,一般以年平均修理费率计算。管道输水灌溉工程(包括机井)的工程维修费常占工程总投资的 1% ~ 4%。工程折旧费率参考表 12-3。

表 12-3　　水利工程固定资产基本折旧和大修费率表

固定资产分类	折旧年限(a)	净残值占原值(%)	年基本折旧率(%)	年平均修理费率(%)	固定资产分类	折旧年限(a)	净残值占原值(%)	年基本折旧率(%)	年平均修理费率(%)
一般砌筑引水灌溉渠道	50	0	2.00	1.5	小型电力排灌设备	20	5	4.75	2.0
混凝土管	40	0	2.50	1.0	配电设施	20	4	4.80	0.5
铸铁、钢管	30	0	3.33	1.0	变电设备	25	5	3.80	1.5
塑料管	20	0	5.00	1.0	离心泵	12	0	8.33	7.0
深井	30	0	3.33	0.5	深井泵	4	0	25.00	5.0
浅井	35	0	2.86	1.0	潜水泵	10	0	10.00	4.0
混凝土砖砌石混合结构	40	4	2.40	1.0	喷灌设备	6	0	16.70	5.0
中小型闸启闭机	20	5	4.75	1.5	观测实验等仪器	10	0	10.00	0.5

注：① 年基本折旧率 =〔(原值－净残值)/(原值×使用年限)〕×100%

② 年平均修理费率 =〔预计大修理费用总额/(原值×使用年限)〕×100%

③ 表中的使用年限是根据一般水利工程或机械设备的实际寿命、经济寿命以及其他因素综合确定的

④ 对已建成工程，可根据具体情况，参照或适当提高表中的费率标准

（三）管 理 费

包括管理机构的职工工资，工资附加费以及观测、科研、试验、技术培训、奖励等费用。在灌水过程中，渠道的修筑用工等也应计入管理费用。

第三节 效益计算

水利工程一般应计算设计年和多年平均两项效益指标,对农田灌溉还应计算特殊干旱年的效益。在缺乏不同水文年灌溉增产资料时,可将平水年的灌溉增产效益作为设计年和丰水年平均增产效益进行计算。管道输水灌溉益内容见表 12-4。

表 12-4 管道输水灌溉效益内容

节　　　水			节省土地	增　　产
扩大灌溉面积	改善灌溉面积	缩短灌溉周期适时灌溉		

在新井灌区,其效益为机井和管道输水的综合效益,主要表现为旱地变水浇地上。此外,还有种植作物的调整,复种指数的提高等。

计算水利增产效益还应算水利分摊系数,该系数一般为 0.2～0.6,水利分摊系数的确定常采用以下方法。

① 在自然状况和农业技术措施基本相同的条件下,按灌溉和不灌溉的试验或调查资料对比确定。如土渠灌改管灌,其增产效益可不必分摊,只在扩大灌溉面积部分再计入分摊系数。

② 如掌握的增产资料是包括灌溉和其他农业技术措施的综合效益时,应将总效益合理分配,不应全作为灌溉措施的效益。对我国北方实行灌溉、农业生产水平中等的半干旱地区,灌溉效益的分摊系数一般为 0.5 左右(丰水年取 0.4,平水年取 0.5,枯水年取 0.6,生产水平较高的地区取 0.3～0.4)

③ 若分摊系数不易确定,可将发展灌溉后,农业技术措施的生产费用,考虑合理的报酬,从总增产效益中扣除下的部分作为灌溉措施的效益。

农产品价格按当地粮食、蔬菜、商业部门有关物价的规定做综合分析后确定。在农产品调出地区,可暂采用现行的国家超购价格。在农产品调入地区,用于自给的部分,采用国家调运到该地区的农产品成本;超过自给部分,可暂采用现行的国家超购价格。

采用管道输水灌溉技术后,节约了用水,不但缩短了轮灌周期,增加了灌水次数,提高了供水保证率,而且还扩大了灌溉面积。由此所取得的增产效益,应逐项进行计算、累加,得到管道输水灌溉的增产效益。

$$B=\xi p(Y-Y_0)M \qquad (12\text{-}1)$$

式中:B 为灌溉增产效益;

ξ 为灌溉增产效益分摊系数;

P 为超购价格(元/kg);

Y 为利用管灌的粮食单产($kg/667m^2$);

Y_0 为利用土渠的粮食单产($kg/667m^2$);

M 为粮食播种面积($667m^2$)。

第四节　经济效益分析

经济效益分析是根据工程的投资费用、运行费用和取得的各项效益,分析评价工程的经济合理性,在规划时为方案的可行性论证提供资料。农田水利工程经济效益的分析方法分静态分析法和动态分析法。

一、静态分析法

静态分析法在投资、运行费和效益的分析中,不考虑货币的时间价值,计算较简便。在工程规模小、投资少、工期短、回收年限短的工程中经常采用静态分析法,主要计算内容如下。

(一)还本年限(回收年限)T

还本年限又称偿还年限,表示一项工程投入运行后,通过效益

的积累,完全回收投资的年限。其计算公式为

$$T=K/(B-C)=K/B_0 \qquad (12\text{-}2)$$

式中：T 为还本年限(a)；

K 为工程投资(元)；

B 为工程多年平均灌溉增产效益(元)；

C 为工程多年平均管理运行费(不包括折旧费)(元)；

B_0 为工程多年平均的净总增产值或称净效益(元)。

(二) 总效益系数 E

总效益系数又称绝对投资效益系数(或称投资效益比),它是还本年限的倒数。其计算公式为

$$E=1/T=(B-C)/K=B_0/K \qquad (12\text{-}3)$$

式中：E 为总效益系数,其余符号意义同前。

水利工程中一般认为,还本年限为 5～15 年、投资效益系数为 0.2～0.7 的工程可以投资建设。

二、动态分析法

静态分析法因不考虑资金的时间价值,显然与实际有差异,所以投资多、周期长的大中型灌溉工程项目多采用动态分析法。

(一)资金时间价值的计算

1. **年资金报酬率(利率)** 动态分析法是符合经济变化规律的科学方法。实际情况是,一切资金活动都有它的时间价值,且随着时间而变化。因此,资金的时间价值是动态分析的基础。在工程经济中,一般都是以年利率表示,年资金报酬率(利率)应不低于各部门允许最低资金报酬率(即允许利率)。管道输水灌溉工程利率一般取 6%～7%。

2. **折扣(贴现)计算** 工程的投资、费用和由工程所获得的效益,不是同一时间发生的,它们的价值是随时间而变化的。为了分析和评价工程的经济效益,将不同时间发生的费用和效益,换算成

一个共同时间的费用和效益,进行衡量和比较,这种换算方法叫折扣计算,这个共同的时间,被称为计算基准年(点)。工程的计算基准年一般取主要受益部门开始受益的年份,也可取工程开工的年份,并以年初作为折算的基准点。

各年的工程投资均按每年的年初一次投入,各年的运行费和效益均按每年的年末(第二年初)一次结算,当年不计算时间价值。

折扣均按复利计算。根据投资、费用、效益的不同形式和折扣要求,一般常用的公式见表12-5。

表 12-5　常用复利公式表

名称系列	序　号	常用复利公式
一次支付系列	1	$F/P = (1+i)^n$
	2	$F/P = 1/(1+i)^n$
等额支付系列	3	$A/F = i/[(1+i)^n - 1]$
	4	$A/P = i/(1+i)^n[(1+i)^n - 1]$
	5	$F/A = [(1+i)^n - 1]/i$
	6	$P/A = [(1+i)^n - 1]/i(1+i)^n$

注:i 为年利率或折算率,%;n 为复利的期数,a;p 为现在的总金额,一般情况下为整个系统的现值,元;F 为将来的总金额,又称未来值或终值,元;A 为年支付金额,又称年金,其值每年相等,元

3. **经济计算期及投资的折算**　从基准年(点)起,到计算的终止年止,称为经济计算期。参与比较的各个方案,或同一个方案的不同工程设施,不管其经济使用寿命是否相同,均应取同一经济计算期。工程经济使用寿命短、经济计算期长的,可减去其残值。

【例 12-1】　某管道输水灌溉工程,在 3 年内每年平均投资 5 万元,按年利率 15% 计算,问 3 年以后累积的总投资(未来值)是多少?

解:根据表 12-5 的式 5 及现金流量图计算如下。

$$F = A\{[(1+i)n^{n^-} - 1]/i\}$$
$$= 5 \times \{[1+0.15)^3/1] \div 0.15\} = 17.36(万元)$$

【例12-2】 某一管道输水灌溉工程,计划2年建成,投资总额20万元,第一年投资8万元,第二年投资12万元,建成后年运行费1万元。其中每15年更新一次,更新费5万元,每年的毛效益5万元。假定此工程为永久使用,如折算率取7%,问总净效益现值为多少?

解:根据《水利经济计算规程》的规定,投资更新费结于年初,年运行费、效益结于年末,给出如下现金流量图:

若以建完年为基准年,则工程投资的现值。

$$P_1 = 120\ 000 \times (1+i) + 80\ 000 \times (1+i)^2 = 217\ 352(元)$$

由表12-5中式6计算,把年运行费和年效益的代数和折算为现值P_2。

$$P_2 = (50\ 000 - 10\ 000) \times \{(1+i)^n - 1)/[i(1+i)^n]\}$$

因管灌工程为永久性工程,取n为无限大,则

$$P_2 = 40\ 000 \div 0.07 = 571\ 428.6(元)$$

每15年有一次设备更新费5万元,首先把它换算成年费用,然后折算为现值P_3,根据表12-5的式3计算。

$$A_3 = 50\ 000\{i[(1+i)^n - 1]\} = 50\ 000 \times 0.03979 = 1\ 990(元)$$
$$P_3 = 1\ 990 \div 0.07 = 28\ 400(元)$$
$$P = P_2 - P_1 - P_3 = 325\ 676.6(元)$$

(二)折算总值和折算年值的计算

折算到基准年(点)的各项经济指标,可用折算总值,也可用折算年值表示。

1. 工程投资的折算总值 K_0

$$K_0 = \sum_{i=1}^{m} K_i (1+r)^{t_i} + \sum_{j=1}^{n} \frac{k_j}{(1+r)^{t_j(j-1)}} \tag{12-4}$$

式中：m，n 为基准点之前和之后工程投资年限；

　　　K_i、K_j 为基准点之前第 t_i 年和基准点之后第 t_j 年的工程投资额；

　　　r 为经济报酬率（或利率）。

2. **工程效益的折算总值 C_0**

$$C_0 = \sum_{i=1}^{m} C_i (1+r)^{t_i (i-1)} + \sum_{j=1}^{n} \frac{C_j}{(1+r)^{t_j}} \tag{12-5}$$

3. **工程效益的折算总值 B_0**

$$B_0 = \sum_{i=1}^{m} B_i (1+r)^{t_i (i-1)} + \sum_{j=1}^{n} \frac{B_j}{(1+r)^{t_j}} \tag{12-6}$$

式中：B_i，B_j 为基准点之前第 t_i 年和基准点之后第 t_j 年的年效益；

　　　其他符号含义同前。

4. **工程投资、运行费和效益的折算年值** 可根据折算乘换算系数 a 计算。

$$a = [r(1+r)^n] / (1+r)^n - 1] \tag{12-7}$$

式中：r 为经济报酬率；

　　　n 为经济计算期。

（三）动态分析法的主要计算内容

1. **经济效益费用比 R_0** 经济效益费用比 R_0 是指折算到基准年（点）的总效益与费用的比值，或折算年效益与折算年费用的比值。

$$R_0 = B_0 / (K_0 + C_0) \tag{12-8}$$

或　　$\overline{R_0} = \overline{B_0}(\overline{K_0} + \overline{C_0}) \tag{12-9}$

式中：$\overline{B_0}$、$\overline{K_0}$、$\overline{C_0}$）为工程效益、投资和运行费的折算年值；其他符号含义同前。

当 $R_0 \geqslant 1$ 时，工程方案在经济上是合理可行的。如有几个互斥方案，应做增值分析，从中择优。

2. **净效益 P_0** 净效益 P_0 是折算到基准年的总效益和总费用

的差值,或折算年效益与折算年费用的差值。

$$P_0 = B_0 - (\overline{K_0} + C_0) \tag{12-10}$$

$$\overline{R_0} = \overline{B_0}(\overline{K_0} + \overline{C_0}) \tag{12-11}$$

式中:$\overline{P_0}$为年净收益;

　　其余符号意义同前。

$P_0 \geqslant 0$或$\overline{P_0} \geqslant 0$的方案,表明有一定的经济效益。对于不同方案的比较,P_0或$\overline{P_0}$最大的是经济上最有利的方案。

3. **经济内部回收率**　经济内部回收率r_0是指经济效益费用比$R_0 = 1$或净收益P_0或$\overline{P_0} = 0$时,该工程可以获得的经济报酬率。

$$[r_0(1+r_0)^n]/[(1+r_0)^n - 1] = (\overline{B_0} - \overline{C_0})/\overline{K_0} \tag{12-12}$$

r_0通过试算确定。$r_0 \geqslant r$的方案,在经济上都是合理可行的。如有几个互斥方案,应做增值分析,从中选优。

4. **投资回收年限** T_D　投资回收年限T_D是指累计折算效益等于累计折算费用的年限或累计折算净效益和累计折算投资相等的年限。投资回收年限越短经济效益越好。

$$T_D = \sum_{i=1}^{n} (B_i - C_i)/(1+r)^t - K_0 = 0 \tag{12-13}$$

式中:B_i为第t年的效益;

　　C_i为第t年的年运行费。

通常采用试算或列收支平衡表计算,解出的n值即为T_D。

当我们将各年效益和年运行费作为均匀年系列时,也可用式(12-14)估算T_D

$$T_D = -\ln[1 - K_0 r/(B_a - C_a)]/\ln(1+r) \tag{12-14}$$

式中:K_0为各年累计折算总投资;

　　B_a为均匀年系列的年效益;

　　C_a为均匀年系列的年运行费基准年(点),为工程开始
　　　建设年的年初。

三、单位经济指标计算

在经济分析中,除分析计算上述各项经济指标外,一般还应分析计算其单位技术经济指标,作为综合经济指标的补充指标。

管道输水灌溉工程的单位技术经济指标,一般包括亩均固定管道长度、亩均移动管道长度、亩均管道工程投资、平均每米管道投资、亩均年耗能费、亩均年用工数量、亩次节能、亩次节水、亩次省工、亩年省工、节地率、亩均年增产量、亩均年增产值、亩均年净效益等。

(一)增产效益

增产绝对值,单位以 kg/亩表示(用不灌、渠灌对比)

增产百分率(%)=[(管灌亩产−不灌或渠灌亩产)/不灌或渠灌亩产]×100%

(二)灌溉效率

单位流量管灌面积[亩/(m³/h)]=管灌面积/系统设计流量

单位面积流量[亩/(m³/h·亩)]=管灌面积/系统设计流量

管灌水的生产率总产量或亩产/总用水量或灌溉定额 kg/m³ 水或元/m³)

产量耗水量(m³/kg)=总用水量或灌溉定额/总产量或亩产

单位装机功率管灌面积(亩/kW)=管灌面积/装机功率

(三)土地利用率

土地利用率(%)=(管灌工程面积−渠系占地面积)管灌工程面积

(四)管灌亩投资

管灌亩投资(元/亩)=管灌系统(不包括机泵工程)总投资/管灌面积,总投资包括机泵部分时应说明。

(五)材料消耗

每亩材料用量(按材质、管径分别统计),单位以 m/亩计。

每亩其他设备的材料用量(金属:铜、铝等;非金属:塑料等),单位以 kg/亩计。

每亩建筑材料用量,如水泥(kg/亩)、砂、石(m^3/亩)、砖(千块/亩)、木材(m^3/亩)等。

(六)年运行及维修费用

年运行费用(元/亩·a)=动力费+维修费+工资+管理费)/管灌面积

动力费是指柴油机燃油费或电动机耗电费;维修费是指工程维修、设备维护保养(不包括大修)、黄油、机油、润滑油、小零件等消耗品的费用;工资包括机手及灌水员灌水期间劳动用工应支付的费用;管理费是指管灌系统专管机构或组织行政办公及杂费等。

(七)劳动用工(或劳动生产率)

农作物全生长期限管灌劳动定额,单位以工日/亩计;

每个劳动力可担负的管灌面积,单位以亩/人计;

灌水效率即每工日(按 10h)可灌溉的面积,单位以亩/工日计。

(八)抵偿年限$T_{抵}$

抵偿年限 $T_{抵}$ 是指一个方案同另一个方案相比较所用的投资可在该年限内用年运行费的节省相抵。

一项管灌工程往往有几种可供比较的方案。在进行方案比较时,不仅涉及工程投资大小,还要考虑年管理运行费的多少,可能各有得失。在这种情况下进行比较,除计算工程的净效益,还本年限外,还应计算偿还所需的年限,即抵偿年限。如所比较的各方案的效益相同时,则可用下式计算。计算后,抵偿年限短的为优选方案。

$$T_{抵} = (K_2 - K_1)/(C_1 - C_2) = \Delta K/\Delta C$$

式中:$T_{抵}$ 为抵偿年限,即追加投资的回收期(年);

K_1,K_2 为一、二方案的工程总投资(元);

C_1,C_2 为一、二方案的年管理运行费,不包括折旧费(元)。

四、敏感性分析

鉴于经济分析和财务分析的问题比较复杂,涉及因素较多,有些参数或指标难以确定,都含有一定的误差。为分析其对经济效益指标的影响,应进行敏感性分析,列出计入浮动因素后的经济效益指标,供综合评价和决策时参考。一般按以下步骤进行敏感性分析。

①投资增加 10%～20%,效益不变,分析计算其经济效益指标。

②投资不变,效益减少 15%～25%,分析计算其经济效益指标。

③投资增加 10%～20%,同时效益减少 5%～25%,分析计算其经济效益指标。

【例 12-3】 某管灌试区是老井灌区,将土渠灌溉改为管道灌溉,工程总投资 315 123 元、年管理运行费 172 864 元,年增产效益 219 666 元,改造前后灌区指标如表 12-6 所示。试对该区进行经济效益分析。

表 12-6　改造前后灌区指标

项目名称	改造前(土渠输水)(亩)			改造后(管道输水)(亩)			备注
	小麦	玉米	其他(棉花为主)	小麦	玉米	其他(棉花为主)	
种植面积(亩)	7 475	7 162	770	8 745	8 379	900	控制面积(亩)改造前:9 000改造后:10 529
灌水定额(m³/亩)	70	70	70	42	42	42	
年灌水次数(次/年)	3	1	1	4	1	1	

解:本试区属老井灌区的改造。为分析投资结果,采用将管道灌溉与土渠灌溉进行对比的方法计算该项工程的经济效益,即:工程投资、年运行管理费、增产效益均计算两种灌溉方式的差值。

为考虑资金的时间价值,采用动态法进行计算,投资年作为基准年,年初作为折算的基点,经济报酬率取 7%,地下管道的使用寿命按 250 年计算。

A.管灌较渠灌工程投资增值

由于该区兴建前后井、机泵、输配电线路基本无变化，只需计算试区管道工程的总投资。工程总投资见表12-7。

表 12-7　**管道工程总投资表**

投资项目	管材费	管件费	运输费	管道安装费	麦苗赔偿费	土方工程费	规划设计费	合计
投资额（元）	132 971	38 938	19 316.5	39 410.43	45 000	26 987.32	13 500	315 133
内部比例（%）	42.2	12.4	6.1	12.5	14.3	8.5	4	100

B.管灌与渠灌管理运行费对比计算

年管理运行费主要包括能耗费、工程管理维修费、软管更新费、灌溉用工等，分别计算如下。

a.管灌年管理运行费

①能耗费。试区采用管灌，年灌水 44 259 亩次，总提水量 185.89 万 m^3，千 m^3 水能耗 174.25kW·h，电价（包括电工工资在内）按 0.25 元/(kW·h)计，则年需能耗费 80 978 元。

②管道工程维修费。取维修费率为 1%，则管道工程维修费需 3 151 元/年。

③软管更新费。本试区 269 个系统，年需消耗管长度 75×2×269，即 40 350m，平均单价 1.07 元/m，则年需软管更新费 43 175 元。

④灌溉用工费。管灌全试区年需用工 18 224 个，日工资按 10 元计，则年需灌溉用工费为 182 240 元。

b.土渠灌溉年管理运行费

①能耗费。土渠灌溉年灌水共 30 357 亩次，提水总量 213.5 万 m^3，千 m^3 水能耗 170kW·h，年需能耗费 90 313 元。

②灌溉用工。采用土渠灌溉，年需用工 20 238 个，日工资按 10 元计，则年需灌溉用工费为 202 380 元。

③土渠修筑费。采用土渠灌溉共需田间土渠长度27万 m,按每个工日修筑250m 计,共需劳务工日1 080 个,日工资按10元计算,该项年费用为10 800 元。

综合上述分析计算,本试区管灌比渠灌每年增加管理运行费见表12-8。

表 12-8　管灌与渠灌年管理运行费对照表

项目	年灌水亩次	能耗费(元)	管道维修费(元)	软管更新费(元)	灌水用工费(元)	土渠修筑费(元)	合计(元)
管灌	44 259	80 978	3 151	43 175	182 240	0	309 544
渠灌	30 357	90 313	0	0	202 380	10 800	303 493
差值							6 051

C.管灌较渠灌农作物增产效益

①增加灌水次数增产效益。本试区增加灌水次数的小麦面积7 475 亩,每亩增产34kg,年增收小麦13 707.5kg,按0.5 元/kg计算,年增值为137 075 元。

②扩浇效益。管灌较渠灌扩浇小麦面积1 370 亩,扩浇玉米面积1 317 亩,和无灌溉条件相比可增收小麦226 060kg,增收玉米87 624kg。取水利分摊系数为0.5,则扩浇效益为72 287 元(玉米单价按0.36 元/kg计算)。

③节地增收效益。该试区节地面积168.5 亩,按小麦、玉米单产278kg,玉米单产297 kg。经分析,农田耕种净收益与产值的比值为0.49,则节地增收效益为20 304 元。

综合上述分析计算,该试区的管灌和渠灌相比农作物年增产效益为219 666 元,见表12-9。

表 12-9　管灌较渠灌农作物增产效益统计表

增产项目	增加灌水次数	扩大灌溉面积	节地	合计
增产值(元)	137 075	72 287	20 304	219 666

D. 经济分析

①按静态法计算。按式(12-2)、式(12-3)分别计算还本年限 T 和总效益 E。

$$T = K/(B-C)$$
$$= 315\ 133 \div (219\ 666 - 6\ 051)$$
$$= 1.48(年)$$
$$E = (B-C)/K$$
$$= 213\ 615 \div 315\ 133$$
$$= 0.678$$

管灌试区按静态法计算,还本年限为 1.48 年,总效益系数为 0.678,该工程效益非常显著。

②按动态法计算。该试区采用管道灌溉相比工程投资增值仅为 315 133 元,年管理运行费增值为 6 051 元,农作物增产效益增值仅为 219 666 元/年,年费用增值按表 12-5 中公式 4 计算如下:

$$315\ 123(A/P)_{20}^{7\%} + 6\ 051 = 315\ 123 \times 7\%(1+7\%)^{20} - 1] + 6\ 051$$
$$= 35\ 796(元)$$

E. 有关经济技术指标计算

①综合经济效益指标。根据公式 12-11 计算年净效益

$$\overline{P_0} = 219\ 666 - 35\ 796 = 183\ 870\ 元$$

根据式 12-8 计算年经济效益费用比

$$\overline{R_0} = 219\ 666 \div 35\ 796 = 6.136$$

根据静态计算结果,还本年限为 1.48 年,因此,取接近于静态法计算结果,将有关数据代入公式 12-13,按动态法计算投资回收年限 T_D 如下

当 t=1.5 年时,累计净效益为 296 141.36 元;

当 t=1.6 年时,累计净效益为 314 662.196 元;

当 t=1.7 年时,累计净效益为 332 911.58 元。

计算结果表明,当 t=1.6 年时,累计净效益和工程投资总值

比较接近,该工程按动态法计算的还本年限应确定为 1.6 年。

由以上实例计算可知,对工程投资较小,且当年投资当年见效的小型农田水利工程进行效益分析时,采用静态法与动态法计算结果比较接近。因此,可采用静态法进行这类工程的效益分析计算。

②单项技术经济指标。管道灌溉和土渠灌溉相比,亩均基建投资增加(管灌工程亩均投资)为:

亩次节水　315 133÷10 529＝29.93 元;

亩次节能　(70－42)÷70＝40%;

节约耕地　168.5÷10 529＝1.6%;

亩次灌水省工　(70÷17.5－42÷17)×2÷13＝0.255 个。

以上分析计算的只是该工程主要的、直接的经济效益,由此可见,此项管道输水灌溉工程投资少,效益高。从工程投资内部比例可见,在总投资中可用劳务抵偿(包括青苗占压在内)的部分约占30%,特别在黄淮海平原中低产地区经济不太发达、劳务工值不高的条件下发展管道灌溉,有广阔的推广前景。

附　　录

附表 1　不同流量及流速下管径选择表　（Q:m³/h,v:m/s,d:mm）

Q\d\v	0.5	0.6	0.7	0.8	0.9	1.0	1.1	1.2
20	119	109	100	94	89	84	80	77
25	133	121	112	105	99	94	90	86
30	146	133	123	115	109	103	98	94
35	157	144	133	124	117	111	106	102
40	168	154	142	133	125	119	113	109
45	178	163	151	141	133	126	120	115
50	188	172	159	149	140	133	127	121
55	197	180	167	156	147	139	133	127
60	206	188	174	163	154	146	139	133
65	214	196	181	169	160	152	145	138
70	222	203	188	176	166	157	150	144
75	230	210	195	182	172	163	155	149
80	238	217	201	188	177	168	160	154
85	245	224	207	194	183	173	165	158
90	252	230	213	199	188	178	170	163
95	259	237	219	205	193	183	175	167
100	266	243	225	210	198	188	179	172
105	272	249	230	215	203	193	184	176
110	279	255	236	220	208	197	188	180
115	285	260	241	225	213	202	192	184
120	291	266	246	230	217	206	196	188
125	297	271	251	235	222	210	200	192
130	303	277	256	240	226	214	204	196
135	309	282	261	244	230	218	208	199
140	315	287	266	249	234	222	212	203
145	320	292	271	253	239	226	216	207
150	326	297	275	257	243	230	220	210
155	331	302	280	262	247	234	223	214
160	336	307	284	266	251	238	227	217

续附表 1

Q\d\v	0.5	0.6	0.7	0.8	0.9	1.0	1.1	1.2
165	342	312	289	270	255	241	230	220
170	347	316	293	274	258	245	234	224
175	352	321	297	278	262	249	237	227
180	357	326	301	282	266	252	240	230
185	362	330	306	286	270	256	244	233
190	366	335	310	290	273	259	247	237
195	371	339	314	294	277	263	250	240
200	376	343	318	297	280	266	253	243

	1.3	1.4	1.5	1.6	1.7	1.8	1.9	2.0
20	74	71	69	66	64	63	61	59
25	82	79	77	74	72	70	68	66
30	90	87	84	81	79	77	75	73
35	98	94	91	88	85	83	81	79
40	104	100	97	94	91	89	86	84
45	111	107	103	100	97	94	91	89
50	117	112	109	105	102	99	96	94
55	122	118	114	110	107	104	101	99
60	128	123	119	115	112	109	106	103
65	133	128	124	120	116	113	110	107
70	138	133	128	124	121	117	114	111
75	143	138	133	129	125	121	118	115
80	147	142	137	133	129	125	122	119
85	152	146	142	137	133	129	126	123
90	156	151	146	141	137	133	129	126
95	161	155	150	145	141	137	133	130
100	165	159	154	149	144	140	136	133
105	169	163	157	152	148	144	140	136
110	173	167	161	156	151	147	143	139
115	177	170	165	159	155	150	146	143
120	181	174	168	163	158	154	149	146
125	184	178	172	166	161	157	152	149
130	188	181	175	169	164	160	156	152
135	192	185	178	173	168	163	158	154
140	195	188	182	176	171	166	161	157
145	199	191	185	179	174	169	164	160

续附表 1

Q\d＼v	0.5	0.6	0.7	0.8	0.9	1.0	1.1	1.2
150	202	195	188	182	177	172	167	163
155	205	198	191	185	180	174	170	166
160	209	201	194	188	182	177	173	168
165	212	204	197	191	185	180	175	171
170	215	207	200	194	188	183	178	173
175	218	210	203	197	191	185	180	176
180	221	213	206	199	193	188	183	178
185	224	216	209	202	196	191	186	181
190	227	219	212	205	199	193	188	183
195	230	222	214	208	201	196	190	186
200	233	225	217	210	204	198	193	188

附表 2　PVC 硬塑料管 100m 沿程水头计算表

Q		75×1.5		90×1.8		90×1.8		110×2.2	
m³/h	m³/v	v	hf	v	hf	v	hf	v	hf
20	0.006	1.37	2.63	0.95	1.10	0.63	0.42	0.49	0.23
30	0.008	2.05	5.39	1.42	2.26	0.95	0.87	0.74	0.47
40	0.011	2.73	8.97	1.90	3.76	1.27	1.44	0.98	0.78
50	0.014	3.41	13.32	2.37	5.58	1.59	2.14	1.23	1.16
60	0.017	4.1	18.39	2.84	7.71	1.90	2.96	1.47	1.61
70	0.019	4.78	24.16	3.32	10.13	2.22	3.89	1.72	2.11
80	0.022	5.46	30.60	3.79	12.83	2.54	4.92	1.97	2.68
90	0.025	6.14	30.70	4.27	15.80	2.86	6.07	2.21	3.30
100	0.028	6.83	45.42	4.74	19.04	3.17	7.13	2.46	3.97
110	0.031	7.51	53.77	5.21	22.54	3.49	8.65	2.70	4.70
120	0.033	8.19	62.72	5.69	26.29	3.81	10.09	2.95	5.49
130	0.036	8.87	72.27	6.16	30.29	4.13	11.63	3.19	6.32
140	0.039	9.56	82.40	6.64	34.53	4.44	13.26	3.44	7.21
150	0.042	10.24	93.10	7.11	39.02	4.76	14.98	3.69	8.14
160	0.044	10.92	104.37	7.58	43.74	5.08	16.8	3.93	9.13
170	0.047	11.6	116.19	8.06	48.7	5.39	18.7	4.18	10.16
180	0.05	12.29	128.56	8.53	53.88	5.71	20.69	4.42	11.24
190	0.053	12.97	141.48	9.01	59.29	6.03	22.77	4.67	12.37
200	0.056	13.65	154.92	9.48	64.93	6.35	24.93	4.91	13.55

续附表 2

Q		75×1.5		90×1.8		90×1.8		110×2.2	
m³/h	m³/v	v	hf	v	hf	v	hf	v	hf
210	0.058	14.33	168.9	9.95	70.78	6.66	27.18	5.16	14.77
220	0.061	15.02	183.39	10.43	76.86	6.98	29.51	5.41	16.04
230	0.064	15.7	198.4	10.9	83.15	7.3	31.93	5.65	17.35
240	0.067	16.38	213.93	11.38	89.65	7.62	34.42	5.9	18.71
250	0.069	17.06	229.96	11.85	96.37	7.93	37	6.14	20.11
260	0.072	17.75	246.49	112.32	103.3	8.25	39.66	6.39	21.56
270	0.075	18.43	263.51	12.8	110.44	8.57	42.4	6.63	23.05
280	0.078	19.11	281.03	13.27	117.78	8.89	45.22	6.88	24.58
290	0.081	19.8	299.04	13.75	125.33	9.2	48.12	7.13	26.15
300	0.083	20.48	317.54	14.22	133.08	9.52	51.1	7.37	27.77

Q		125×2.5		140×2.8		160×3.6		200×3.9	
m³/h	m³/v	v	hf	v	hf	v	hf	v	hf
20	0.006	0.39	0.13	0.30	0.07	0.24	0.04	0.19	0.02
30	0.008	0.59	0.27	0.45	0.15	0.36	0.08	0.29	0.05
40	0.011	0.78	0.46	0.60	0.24	0.47	0.14	0.38	0.08
50	0.014	0.98	0.68	0.75	0.36	0.59	0.20	0.48	0.12
60	0.017	1.18	0.94	0.90	0.50	0.71	0.28	0.57	0.17
70	0.019	1.37	1.23	1.05	0.65	0.83	0.37	0.67	0.22
80	0.022	1.57	1.56	1.20	0.82	0.95	0.47	0.77	0.28
90	0.025	1.76	1.92	1.35	1.02	1.07	0.58	0.86	0.35
100	0.028	1.96	2.31	1.50	1.22	1.19	0.70	0.96	0.42
110	0.031	2.15	2.74	1.65	1.45	1.30	0.83	1.05	0.50
120	0.033	2.35	3.19	1.80	1.69	1.42	0.96	1.15	0.58
130	0.036	2.55	3.68	1.95	1.95	1.54	1.11	1.25	0.67
140	0.039	2.74	4.20	2.10	2.22	1.66	1.27	1.34	0.76
150	0.042	2.94	4.74	2.25	2.51	1.78	1.43	1.44	0.86
160	0.044	3.13	5.32	2.4	2.81	1.9	1.6	1.53	0.97
170	0.047	3.33	5.92	2.55	3.13	2.01	1.78	1.63	1.07
180	0.05	3.53	6.55	2.7	3.46	2.13	1.97	1.72	1.19
190	0.053	3.72	7.21	2.85	3.81	2.25	2.17	1.82	1.31
200	0.056	3.92	7.89	3	4.17	2.37	2.38	1.92	1.43
210	0.058	4.11	8.6	3.15	4.55	2.49	2.59	2.01	1.56

续附表 2

Q		75×1.5		90×1.8		90×1.8		110×2.2	
m³/h	m³/v	v	hf	v	hf	v	hf	v	hf
220	0.061	4.31	9.34	3.3	4.94	2.61	2.82	2.11	1.7
230	0.064	4.51	10.11	3.45	5.34	2.73	3.05	2.2	1.83
240	0.067	4.7	10.9	3.6	5.76	2.84	3.29	2.3	1.98
250	0.069	4.9	11.71	3.75	6.19	2.96	3.53	2.39	2.13
260	0.072	5.09	12.55	3.9	6.64	3.08	3.79	2.49	2.28
270	0.075	5.29	13.42	4.05	7.1	3.2	4.05	2.59	2.44
280	0.078	5.49	14.31	4.2	7.57	3.32	4.32	2.68	2.6
290	0.081	5.68	15.23	4.35	8.06	3.44	4.59	2.78	2.77
300	0.083	5.88	16.17	4.5	8.55	3.56	4.88	2.87	2.94

注：PVC 硬塑料管沿程水头计算公式：$hf = 100 \times 0.000915 \times Q^{1.77}/d^{4.77}$（$Q$：m³/s，$d$：m，$hf$：m）

附表 3　塑料软管 100m 沿程水头计算表

Q		折径×直径(mm×mm)					
		100×64		120×76		140×89	
m³/h	m³/s	υ	hf	υ	hf	υ	hf
10	0.003	0.86	1.62	0.61	0.74	0.45	0.15
20	0.006	1.73	5.54	1.23	2.52	0.89	0.51
30	0.008	2.59	11.35	1.84	5.16	1.34	1.04
40	0.011	3.46	18.88	2.45	8.59	1.79	1.73
50	0.014	4.32	28.03	3.06	12.75	2.23	2.57
60	0.017	5.18	38.71	3.68	17.61	2.68	3.55
70	0.019	6.05	50.85	4.29	23.14	3.13	4.67
80	0.022	6.91	64.41	4.9	29.31	3.57	5.91
90	0.025	7.78	79.34	5.51	36.1	4.02	7.28
100	0.028	8.64	95.6	6.13	43.5	4.47	8.77
110	0.031	9.5	113.17	6.74	51.49	4.91	10.38
120	0.033	10.37	132.01	7.35	60.07	5.36	12.11
130	0.036	11.23	152.11	7.96	69.21	5.81	13.96
140	0.039	12.09	173.43	8.58	78.91	6.25	15.91
150	0.042	12.96	195.95	9.19	89.16	6.7	17.98
160	0.044	13.82	219.66	9.8	99.95	7.15	20.15

续附表 3

Q		折径×直径(mm×mm)					
		100×64		120×76		140×89	
m³/h	m³/s	υ	hf	υ	hf	υ	hf
170	0.047	14.69	244.55	10.41	111.27	7.59	2.44
180	0.050	15.55	270.58	11.03	123.11	8.04	24.83
190	0.053	16.41	297.76	11.64	135.48	8.49	27.32
200	0.056	17.28	326.06	12.25	148.35	8.93	29.92

Q		折径×直径(mm×mm)					
		160×1025		200×127		250×159	
m3/h	m3/s	υ	hf	υ	hf	υ	hf
10	0.003	0.34	0.18	0.22	0.06	0.14	0.02
20	0.006	0.68	0.6	0.44	0.21	0.28	0.07
30	0.008	1.02	1.23	0.66	0.43	0.42	0.15
40	0.011	1.36	2.04	0.88	0.72	0.56	0.25
50	0.014	1.7	3.03	1.1	1.07	0.7	0.37
60	0.017	2.04	4.19	1.32	1.47	0.84	0.5
70	0.019	2.38	5.5	1.54	1.93	0.98	0.66
80	0.022	2.72	6.97	1.76	2.45	1.12	0.84
90	0.025	3.06	8.59	1.97	3.02	1.26	1.03
100	0.028	3.4	10.35	2.19	3.64	1.4	1.25
110	0.031	3.74	12.25	2.41	4.31	1.54	1.47
120	0.033	4.08	14.29	2.63	5.02	1.68	1.72
130	0.036	4.42	16.47	2.85	5.79	1.82	1.98
140	0.039	4.76	18.77	3.07	6.6	1.96	2.26
150	0.042	5.1	21.21	3.29	7.46	2.1	2.55
160	0.044	5.44	23.78	3.51	8.36	2.24	2.86
170	0.047	5.78	26.47	3.73	9.3	2.38	3.19
180	0.050	6.12	29.29	3.95	10.3	2.52	3.52
190	0.053	6.46	32.23	4.17	11.33	2.66	3.88
200	0.056	6.8	35.3	4.39	12.41	2.8	4.25

注:hf = 1.2×100×0.000915×Q1.77/d4.77(Q:m³/s,d:m,hf:m),按硬塑料管水头损失乘系数 1.2 计算

参 考 文 献

[1]　水利部农村水利司．管道输水工程技术．北京:中国水利水电出版社,1998.

[2]　水利部农村水利司．节水灌溉工程实用手册．北京:中国水利水电出版社,2005.

[3]　水利部农村水利司．机井技术手册．北京:中国水利水电出版社,1995.

[4]　水利部国际合作司,农村水利司．美国国家灌溉工程手册．北京:中国水利水电出版社,1998.

[5]　陈耀宗,姜文源,胡鹤钧,等．建筑给水排水设计手册．北京:中国建筑工业出版社,1992.

[6]　柳金海．管道工程安装维修手册．北京:中国建筑工业出版社,1994.

[7]　侯君伟．建筑施工资料集．北京:中国建筑工业出版社,2006.

[8]　陈恭潜,孙思靖,徐凤悟,李荣春．水利工程造价．哈尔滨:黑龙江科学技术出版社,1993.

[9]　鞍山市水利局．鞍山市防洪手册．沈阳:辽宁科学技术出版社,2000.

[10]　鞍山市水利局．鞍山市水资源．沈阳:辽宁科学技术出版社,2006.

[11]　海城市水利局．海城市水利志,1985.

[12]　辽宁省水利水电科学研究院．农田节水灌溉技术手册．沈阳:辽宁科学技术出版社,1997.

[13]　冯汉民,倪元成．农用水泵．北京:中国水利水电出版

社,1974.

　　[14]　刘江.给水排水常用数据手册.北京:中国建筑工业出版社,2002.

　　[15]　刘新佳.建筑工程材料手册.北京:中国建筑工业出版社,2010.

　　[16]　喷灌工程设计手册.北京:中国水利电力出版社,1989.